扛得住，世界就是你的

或许注定是个配角却仍希望固守自己的一点位置

小川叔 著

古吴轩出版社
中国·苏州

图书在版编目（CIP）数据

扛得住，世界就是你的／小川叔著．—苏州：古吴轩出版社，2014.9

ISBN 978-7-5546-0288-1

Ⅰ.①扛…　Ⅱ.①小…　Ⅲ.①成功心理—通俗读物　Ⅳ.①B848.4-49

中国版本图书馆CIP数据核字(2014)第170061号

责任编辑：徐小良
见习编辑：邢　琦
策　　划：葛忠雷
封面设计：@JUUUN_L

书　　名：**扛得住，世界就是你的**
著　　者：小川叔
出版发行：古吴轩出版社
地址：苏州市十梓街458号　　邮编：215006
Http://www.guwuxuancbs.com　　E-mail：gwxcbs@126.com
电话：0512-65233679　　传真：0512-65220750
出 版 人：钱经纬
经　　销：新华书店
印　　刷：北京蓝空印刷厂
开　　本：880×1230　1/32
印　　张：10
版　　次：2014年9月第1版　第1次印刷
书　　号：ISBN 978-7-5546-0288-1
定　　价：36.00元

又一天过去了。今天过得怎么样，梦想是不是更远了？

只要是石头，到哪里都不会发光的。

很多时候，乐观的态度和好听的话帮不了你。

假如今天生活欺骗了你，不要悲伤，不要哭泣，因为明天生活还会继续欺骗你。

——友情提示1：如果你看完以上的段子依旧面不改色，神采奕奕，那恭喜你是一个先天性乐观派，这本书或许对你的用处不大，你看不看书都会很快乐。如果你看完以上字句觉得有点触动，还可以在承受范围内，请打开此书谨慎阅读。

——友情提示2：文章富含大量“反式职场酸”以及“不饱和心灵鸡汤”，请视个人情况选择性阅读。

序言

你的人生，关我什么事

其实我一直都想写这样一篇文章，带点自叙性，自娱自乐的同时，也写给那些在网上认识我的人以及给我写信的人。这个标题我很早以前就定了，不是因为它吸人眼球，只是因为它说的是实话。

我是小川叔，一个三十六岁的大叔，在没看到这本书之前或许你并不知道我是谁，因为我的确没什么理由要被人知道。

所以，如果你看完这本书会说一句：这样的人也敢出书？嗯，那种心情我懂得。因为我之前买了一些所谓“红人”的书，看完也是这个感觉。

这大概就是报应吧！

为什么要出书?

只是因为我写过几篇关于职场的文章在网上被人无授权转载过，被一些人点过赞，于是图书公司的编辑就觉得：也许这人会火，先抢下签了再说。

我其实特不爱写书，费心费神最后还容易招骂。我和编辑说，写一本书需要三四个月，拿的钱却没多少，这是一件极其没有性价比的事。

最后我决定写书，有两个原因：一个是今年是我来京的第十年，这值得回望和总结；另一个理由是因为你。

那个给我写信的你，以及你们。

互联网是一个再神奇不过的东西，有些事儿经过它的发酵和加工很容易成为焦点。

这是一个连狗狗自拍都能火的时代，所以从某种意义上来说，我连只狗都不如。可就是这样的一个我，却会每周都能收到不下五十封的来信，被人询问关于如何解决工作里遇到的难题，和我倾诉职场里的困惑……

我每周都要花一定的时间去回信，有人曾经问我：你为什么要这么做?

我就开玩笑地说：或许是因为爱吧……

其实我们之间很陌生，哪里来的爱。

而或许是因为陌生，所以这种倾诉才能无所顾忌。

我在回信里写得最多的一句话就是：有些事其实你早就知道答案，你只是希望一个人从另外的角度去告诉你，去为你心里的答案添一个证明而已。

我在那个时候就想说，还是出本书吧！在没有因为回信累死之前……

这样哪怕因为这个事儿累死了，看在稿费的分上，也算是死在“有偿服务”的工种上了。

也许你会说，你完全可以选择不回信嘛！

如果你写的是“你好”两字，或许我可以无视。

但如果你写的是你掏心掏肺的困惑，我觉得如果是我懂的，我经历的，我总想做点什么。

我这样不是为你，或许只是为了自己。

我一直都知道我有多平凡，所以我从来没想过有一天自己会被别人所需要。

这不在我的认知范畴里。

我和你，就好像两条平行线，或许一辈子都不会有交叉，走在马路上，也会像陌生人一般擦肩而过。

我大学毕业后的第二年来到北京，我在这个城市没有亲人、朋友，没有任何的依靠。

我换了很多工作，做过很多兼职，职场中我也遇到过很多不如意的事。我转行，而且一转再转；我困惑，总觉得找不到人生的目标。

在我人生陷入迷茫的时候，我有幸遇到了小伍、小天等几位好友，是他们手把手地教我面试，近乎强硬地纠正我的性格缺陷，最终我才能成为今天的这个样子。

因此，每次看到有人如我当年一般困惑的时候，我总是希望可以停留一下，和他聊点什么。

其实我到现在也没搞懂自己是不是可以用“红了”来形容，自从我在豆瓣上分享一些自己的职场经历开始，关注量短短几个月就飙升了数万，这对于从来没被那么多人认识过的我来说，开始是狂喜，之后是害怕。

我不是害怕自己过气或者掉粉儿，我是害怕我那些个人的经历会误导你，害怕它对于你来说连帮助都谈不上……

我不可能手把手地去教你什么，因为你的人生和我的人生发展轨迹完全不同。

我也不可能给你去介绍工作，帮你去解决难搞的上司或者是同事。

我唯一能做的，大概就是听你说完你的困扰，之后告诉你从一个旁观者的角度，我看到的现象。但最终的结果要由你来定，如果你乐意听，我还可以和你说说我的过去以及类似的经历。

很多时候那些经历都只是教训，连经验都算不上。

我像是在黑夜里赶路的人，因为曾经被别人家的灯光照亮过脚下的路，所以我现在也愿意把自己的灯点亮。这点光可能很微弱，但也希望它能有机会帮助到其他赶路的人。

至于这盏灯会点多久，其实我也不知道，也许我累了，要睡了，就关灯睡觉了。

至于谁被温暖到，被照亮过，或许也并不会特别记得。

我在我的人生里做了这样的一件事，它并不是专门为你而做的，我也没有那么伟大。但是，如果这点亮光能够帮你走出稳健的一步，内心更安定，那对我是莫大的荣幸。

你的人生终究要靠你自己走下去，只希望这一路你还会遇到更多类似的灯火……

目录

Part1

前方无路，一切才刚开始

每个人都有自己的人生路要走，

有些阵痛和转变，是必须他们自己去经历的，

谁都不能代替他们去感受这些，

试问没有经历，哪来的改变？

吃喝玩乐，有些事你一直在错过

你可以选择大学四年为自己放一个大假，活在自己的象牙塔里享受这个悠长假期，但是请相信，毕业后你也一定会比别人交更多的学费，去学习如何与人交往，如何适应社会。

公司招聘了几个刚毕业的大学生，明明是有朝气的年纪，却总喜欢唉声叹气。

本来人力资源部打算分给我一个，但是我的部门编制已经满了，而且我总觉得自己和年轻人有代沟不知道怎么带，所以就把他换到了资料室。

资料室每天的工作看似清闲，其实很无聊，真的是平心静气的人才能坐得住。年轻人来了没几天就从活跃转为忧郁，之后每天就像霜打的茄子一样蔫蔫的没精神。

前几天中午吃饭，我回来得早，发现他又面对电脑长吁短叹，我特别不理解为什么这么年轻就有那么多的苦恼，所以就开口和他聊了聊。

年轻人多数的苦恼都比较相似：前途无望，人生迷茫。希望三十岁前能拼命赚钱，可怎奈现实比他想象得难熬一百倍。当然他也很羡慕那些整天开会，到处跑来跑去的助理们，甚至他自己都说，哪怕整天跟着领导开会被骂，都好过每天在这里磨板凳，这完全是在耗费青春和生命啊！

我听了他的抱怨笑到不行，之后就问："那你大学的时候都在忙什么啊？"

他就说，大学还不都是一样，睡觉、看书、上自习课，剩下的就是盼着快毕业。

我说："那你都不去参加什么社团活动吗？"

他就说："谁和那些人搅在一起啊，学生会那些人不是拍辅导员的马屁就是暗地勾结，我觉得他们都特没劲！"

"那你大学没有参加别的活动吗？比如演讲、打工之类的？"我又问。

"打工本来就没几个钱，又累得半死，演讲什么的，我根本不屑参加。我觉得没事儿就打打球，听听音乐，看看电影，之前都盼着毕业，现在才发现毕业后日子更无聊。”

我没再说什么了。

之后公司组织培训，要求新人代表上台发言，他被领导推举上去，结果站在台上面红耳赤，语无伦次。

我们时常抱怨：大学里到底学了什么？

其实大学里除了很清闲的课业，更多的是要你学会如何与人交往和相处。不论是你觉得市侩的同学，还是学生会里那些人，不论是你觉得很傻的训导员，还是那些你根本看不上的老师。这些人也许日后就是你的同事、领导、助理、下属。

一味地使用拒绝的态度，你除了封闭自己，获得所谓的“清高的安宁”之外，你得不到任何东西。

上学的时候，你喜欢在人群里隐藏自己，不喜欢争抢，讨厌上台发言，不喜欢被注视。可毕业之后，你又希望成为被领导看重，并且委以重任的新人，你又渴望出人头地，又渴望薪水加倍，你不觉得这很矛盾吗？

从来没有上台发言过的人，一定会紧张。

从来不喜欢争抢的人，又怎么可能知道如何表现自己的长处呢？

从来都没想过要做那个令人瞩目的人，却又希望天上掉馅儿饼，让加薪的名额落到自己头上……

除非你的专业很过硬，机会很好，一进公司就被派到一个项目上，除非你的领导有大胸怀，不把你的功劳归到自己名下，除非你真的是块纯金……

不然，你凭什么出头?

每个人都是从一个小喽罗开始做起的，只是人家做小喽罗的时代是从大一就开始了，而你……

你四年都拒绝“参军”，之后一毕业就希望得到赏识，升格变成“将军”，一旦无人注意就长吁短叹，觉得前途无望。

你不过才当了一天的小喽罗，而或许有的人已经做了四年。

之后你一定埋怨这些都是因为你的专业不对口，你的学校没人家的好，你没有好的家庭出身，没有个好爸爸……

你说要不就去考研吧！或者换一个公司吧！

其实，你一开始就错过了，只是你还不知道而已……

那么，现在你说，你在大学到底学了啥?

你可以选择大学四年为自己放一个大假，活在自己的象牙塔里享受这个悠长假期，但是请相信，毕业后你也一定会比别人交更多的学费，去学习如何与人交往，如何适应社会。

一直在忙碌，却不知道忙些什么

我用了七年的时间去寻找和放逐，用了四年的时间来提取、修正和改变，或许到现在我也不敢说我自己有什么过人之处，但是至少我逐渐找到了自己的定位和为之努力的方向。

豆友“小耳朵”问我，不知道自己的长处该怎么办。

我想那就抽时间说说我是如何寻找到自己的长处的吧！

这个过程我用了七年。

我在大学时代并不是一个特别能出风头的人，更多的时候我喜欢钻进自己的小世界里。大学期间最喜欢的是画画、听广播以及写字，这三点爱好看似大相径庭，但其实都有一个共通点，就是不需要直面和人打交道。

我在学校组织的社团就是关于画漫画的，那时候自己有点投稿经验，所以当时召集新人加入社团，办活动、画海报，都是自己亲力亲为，而且忙得不亦乐乎。不过，举办社团活动总要有主题才行，我就硬着头皮去上台做老师，假模假样地给大家分享一些我过去的经验。

我记得第一次活动那天来了三四十人，我站在自习室的讲台上，貌似平静地说话，但是我的小腿其实一直在不由自主地颤抖。虽然不是第一次站在讲台上发言，但是我第一次意识到，我其实很害怕面对别人，我更害怕被围观，被注视……

我大学专业是服装设计，但我的梦想却是成为一名漫画家，因为我喜欢的北条司、成田美名子都是服装设计专业出身。我悲惨的漫画投稿历史从初中开始，一直到高中毕业都没能发表过一个故事，我将这些的根本原因归结为没有时间创作，完全忽视自己水平、技术、画工、创意等诸多平庸。

我的投稿历史在大一就创下了一个开门红，发表了一个四页的小故事，让我连续三个月跑书店去查杂志，也因此才知道原来杂志都需要提前三个月做好。当我买到有我作品的那期杂志之后兴奋得半个月都睡不好觉，之后参加一个小杂志的比赛，意外的获奖更是让我信心大增，但随之又进入了屡投不进、泥牛入海的状态。

后来因为社团活动的壮大，院报的主编找到了我，让我开一个漫画专栏，我也算是梦想小小实现了一把，还在当地的报纸上冒充小朋友去投稿，获得了一点点发表后的虚荣。

我的文字功底还好，高中时代一直都是班上作文范文的代表，偶尔投稿发表个文字啥的也还可以。唯一的问题是，我只能写自己的故事，不太会编。不过大学时候一心都扑在漫画上，根本没去细心打理过这些。

广播情结是从小就有的，只是大学的时候开始泛滥，头脑一热还去了学校广播站，后来阴差阳错地去了当地的电台做了几期嘉宾，一毛钱都没有，还要自掏车费，不过自己依旧玩得不亦乐乎，大三那年还回老家参加了一个电台主持人选拔，蝉联过四周的冠军。

所有这些都还算是让自己开心、娱乐、丰富的爱好，都在毕业之后土崩瓦解，差一点就灰飞烟灭。

我其实并不爱我自己的专业，我不知道现在有多少人和我当初一样，读的专业其实自己并不那么喜欢，也可能是因为我觉得自己有很多的爱好，所以就没有好好钻研本专业。

毕业后的第一年，我为了对得起自己四年所学，真的找了服装设计工作去上班，但是在经历了枯燥的设计、重复的流程和抄袭严重的市场打击之后，决定彻底放弃自己所学。那个时候我把转行这件事看得太简单了。

我总以为我有这么多爱好，总能找到一个适合我自己长处的工作。

可谁知，这一寻找就是七年。

七年里，我从原来的设计师变成了杂志编辑、图书策划、广告人、公关公司执行，期间为了生计还兼职做过电视栏目编导、小说连载作者、配音演员、话剧演员、电视剧编剧、插图师。

那时候为了努力赚钱、缴房租、还外债，为了让自己可以过得更好一些，我在不断接各种兼职的过程里拓宽了自己的爱好，我就好像一枚小陀螺一样，不停地旋转，不停地奔跑，不敢在一个地方停留太久，每次都很害怕被行业、被工作所抛弃，我不断对自己催眠说：技多不压身，只要有机会你为什么不去试试？只要有人肯给你机会，你为什么不去挑战自己看看？你不去做，你怎么就知道你不行呢？

我的自信坍塌于毕业四年后的一次大学同学聚会，那是毕业很久以来的唯一一次我参加过的聚会，至今想起来我都觉得深恶痛绝。

那次聚会的理由是我最好的朋友结婚，她好心地专门把早年同一届的朋友放到了一桌，于是那一晚我都如坐针毡，昔日同学见面不可避免地会问起：现在干得怎么样？一个月开多少钱？买房了吗？然后巴拉巴拉地说一堆废话。

当时那一堆人里有毕业之后转行做了室内设计的，薪水过万；有结婚后在北京买房的，即便是家里借钱出的首付也算是有个可以安身的家；有职业发展不错步步升迁的；有未来明确打算自己开公司的。和他们比起来，我似乎还是大学时代那个看什么都感兴趣，带着一双好奇的眼睛看世界的毛头小子，拿着每个月三千出头的工资，做傻小子闯世界的美梦。

不论是从财力收入还是未来规划，抑或是人生目标，他们都给我做了一个最好的表率，那一晚我觉得自己又羞愧又自卑。

我第一次意识到，这几年我一直在忙碌，却不知道为什么忙，我也没有什么职业规划，就是有一份工作打工饿不死就可以，我有大量的兼职机会，但是不论是合作时间还是最后的收入都极其不稳定，我一直以为我要活得不像他们那样落入俗套，却最后才发现其实最可笑的是自己……

人人都说你有才情，合作过的人都说你态度不错、合作愉快，但是你怎么知道那不是因为你是新人，因为你工资便宜呢？

我以为自己摊开了可以吸收更多的知识，却发现自己的耐心太少，每一次尝试都是浅尝辄止，看似名头繁多，却在哪个领域里都不过是一个新手而已。

我第一次困于自己的爱好而找不到前进的方向。

接下来的两年我逐渐缩小了自己兼职的范围，放弃了电视领域、剧社、写小说，兼职逐渐集中在了人物专访上，在娱乐圈试水了一把之后就跨入了广告公司，之后辗转来到了现在的企业。

三十一岁，还没有找到人生的目标，不知道未来自己适合走哪条路。

全身上下所谓的长处，逐渐从杂乱无章，渐渐变得只剩下可以写点东西，有过几个行业的经验而已。

之后我开始思索，我自己想突出的是什么？

一个人可以爱好广泛，但是肯定不可能百花齐放，我不是天才也不是神童，肯定做不到又会写字，又会画画，又能演戏，又能拍电视。我就是一个特别笨的俗人，老天给了我很好的机会，让我接触那么多的领域和行业，其实就是希望安抚我这颗易动的心，让我自己告诉自己，其实那些不适合你。

我还是希望可以做一个能够有专注力，有一项专长的人。可能我前面浪费了太多的时间，导致我已经没有机会可以做一个专才，那么就努力在自己看似全面的这些爱好里面寻找一个适合自己的长项，并且集中力量打造它！

我第一个下手的是文字。我觉得它是我目前可以把握以及可以提高的东西。我把过去书架上的小说、散文、安妮宝贝、张爱玲统统丢掉了，开始买杂志、人物传记、关注心灵成长的图书、心理学、城市图书等等，我打破了原有的阅读范畴，开始涉猎大部分以前我看不上眼的东西，每个月读十五本杂志、四本书，看到不错的题目、稿件、策划就标注出来。我之前从来没有记笔记的习惯，但是现在开始学着去写总结，学着归纳一本书里自己觉得最大的看点，一个好的杂志选题策划里自己觉得最成功的地方。

有计划有目的地开始提升自己的采访水平，从三流小报写到二线杂志，最后进了一线杂志，每次做人物专访需要看十个小时的视频采访资料，七万字左右的文字资料，全面了解和解析这个人物之后，再逐渐列出主线与关键词，绕开之前提及最多的问题，有重心和侧重点地圈出本次采访的几个重点。

很多事情其实都不难，最怕的是你不用心。

当你用心深入去做的时候，你会发现你可以悟出很多的门道，比如采访的时候应该如何切入，如何采用迂回战术，如何让对方放松警惕，如何平层对话，如何武装自己建立防御。

这些都是在一次次的实验中得到的经验教训。

除此之外我做了一个自我梳理，给自己列出了目前最应该解决的问题。

坦白说，进入这家企业的前三年我面临的问题都不是所谓的“职业定位”，也不是玄乎其玄的“职场规划”，你规划有用吗？你希望三年做到总经理，你的能力、水平、机会都是可预料的吗？三年前如果你和我提定位和规划这俩词，我会把刚刚那句话甩在你脸上。

那时候，我面临最多的问题是如何适应变化，去生存。

三年里我换了三任领导，不同的领导都有各自的做事风格和定位。

每一任领导的离开或者调任都意味着你要立刻转换自己的频道，从新做梳理和观察。

我也曾经差点被当做炮灰开除，我也曾经疲于奔命和应付。

“活下来”是我当时要面临的最大的考验，快速的适应能力是这三年以来的变化给予我最好的教导。我当时梳理完自己面临的困难和局面之后，“强调执行力”是我当时唯一可以做出的选择。

我要做一个有冲劲、有热情、办事靠谱的人！这个信条是我在第一次遭遇领导变革中就定下的！因为人人都需要这样的员工！

好的心态，不推诿的态度，良好的办事效率，这些事情其实需要的是强大的情绪控制能力和更大的内心空间，为此我参加了一系列关于自我提升的培训。

或许很多人觉得那是类似打鸡血喊口号的无用功，但是我自己却在其中有了非常深刻的体会，因为那个时间段我需要这些。

所以后来遇到新的任务，我总爱说，这事儿太好玩了，我早就想接触看看！

遇到新的变化，我总爱说，这是好事儿，有变化才会催生动力！

遇到困难我喜欢对自己说，没事！别急，总会有解决的办法！

心态的转变带来的是精神面貌的转变，我使用了一些小技巧提醒自己保持工作状态，不但要保持而且要饱满。

我的小技巧就是打领带。

公司虽然要求上班时间穿正装，但是并不要求打领带。

我每次都会打上领带，在面对镜子打领带的过程里，我会不断提示自己微笑，注意沟通细节，我要提醒自己专业，克制情绪化的弱点。

领带、皮鞋、腕表成了我自我约束的三个象征，这三个物件的存在不在于装饰而在于提醒我自己，注意效率，注意态度，注意专业。

三年来，我始终都以这种状态去面对工作，去不断经营自己的长处。

我一直觉得每个人身上都有一个标签，这个标签其实就是你留在别人心目中的印象，这个标签综合你的一言一行，综合你的外表、气质、穿着、谈吐，以及你全身上下的每一个细节。

踏实、靠谱、执行力强，这是我给自己树立的标签，敢于挑战、敢于应战，这是我正在努力去达成的标签。

因为你要做到这些，所以你才能有勇气和力量去学习、充电，补足短板。

每次遇到新的任务，我要逼迫自己说，好的！我试试看！

之后带着积极的心态去面对困难，你一定会找到解决办法。

我记得我进公司才满一年的时候，遇到的第一个任务就是主持年会。很害怕面对舞台面对人群的我，其实内心里非常忐忑，这份紧张最终因为临上台前的突发性过敏错过了主持而松了一口气。之前做话剧表演只是满足自己的好奇心，但那时候自己已经觉得当个跑龙套的就已经无比紧张了，忽然变成舞台上的主角，这转变是无法调试的。

为了克服自己登台前的紧张，我托朋友关系找到了婚庆司仪的兼职，通过十几次的婚礼主持，来克服自己上台的紧张感。第二年的年会主持说不上得心应手，但是至少对于自己来说，那份害怕与畏惧已经减少了一半了。

很多认识我多年的老朋友都会很诧异于我这几年的改变，我有时候也在想，自己是不是真的变得太多了？我放弃了画画、放弃了很多爱好，我开始变得理性、有逻辑、懂克制，这些和早年那个天真烂漫、随心所欲的自己真的有点大相径庭，但是这不就是自己想要的改变吗？

世间没有舍，哪有得？你不放弃一些，又怎能得到一些？

或许自然生长是最缓慢最舒服的方式，可是当你一旦懂得和领悟的时候，你必须要不断逼迫自己去改变、接纳和成长。，

我用了七年的时间去寻找和放逐，用了四年的时间来提取、修正和改变，或许到现在我也不敢说我自己有什么过人之处，但是至少我逐渐找到了自己的定位和为之努力的方向。

这就是我人生里关于寻找标签的过程，或许我花费了太多的时间在这上面，但是我并不后悔。虽然那七年寻找的过程里，我也并

没有快乐自由，但是至少它让我最后安心得到。我想如果没有当年的各种尝试，或许也不会有现在的我。

无论什么都是经历，你也会有属于你的经历。我是一个喜欢总结的人，并且通过总结来反思自己。或许你也有自己总结和反思的方式，总之，用自己的方式提醒自己：向前，向上，永不止步！

第一份工作，是长大的第一步

对于工作来说，很多人都有过大四实习的经验，但是正式工作可能还是白纸一张，所以谈不上有什么资历，这时候自然会有一种小公鸡的心态，怕被人看不起，或者怕被人欺负。

坦白说，很多人在签人生中第一份工作合同的时候，都会非常慎重，还以为是签卖身契呢，可你工作一段时间就会发现，其实当年的那些担心，真的是白操心。

“狐狸”同学临近毕业，她在QQ上问我，要出去找工作，有啥需要注意的。

坦白说，川叔不是做人力资源的，所以工作内容基本和招聘不挂钩。但是因为年纪大了，刚好又负责了一个部门，所以多少积累了一点部门招聘的经验，希望这些浅薄的经验在和“狐狸”同学分享的同时，也能对其他人有点用。

对于即将毕业的同学，面对找工作这个问题，我觉得最重要的是机会。不论它是朋友介绍的、家里推荐的，还是你在人才招聘会里捞到的，你都需要努力抓住它。

我说的抓住，就是不要被人通知面试的时候，你漫不经心地说出："哎呀，我在睡觉，你能给我发个短信吗？"或者是根本不提前查看地图，把人力资源的人当作GPS导航来询问。

你别笑，这种事情我之前在招聘的时候真遇到过，所以我才觉得现在很多人真的太不珍惜工作机会了。

除了好好把握机会，还有一点就是做好功课。

至少你要知道这个面试你的企业是干吗的，你应聘的职位的岗位职责是什么。

当然，很可能有一些小朋友都是在招聘站点群发的求职信，甚至恨不得有个工作就可以。那么一旦是这种情况，至少在电话里先问清楚对方公司的名称、应聘的职位，回头自己去官网查找，做做功课吧！不然面试的时候一头雾水，基本都会被直接枪毙。

对于工作来说，很多人都有过大四实习的经验，但是正式工作可能还是白纸一张，所以谈不上有什么资历，这时候自然会有一种小公鸡的心态，怕被人看不起，或者怕被人欺负。

坦白说，很多人在签人生中第一份工作合同的时候，都会非常慎重，还以为是签卖身契呢，可你工作一段时间就会发现，其实当年的那些担心，真的是白操心。

很少有人能把一份工作做得特别长久，很多人都是一年或者两年就换了位置或者换了公司。

如果不是涉及落户口这类的重大事情，我倒是觉得第一份工作应该先从公司氛围，自己喜欢的意愿出发，也许更重要一些。

大部分的面试都需要有所准备，比如你的个人作品，当然毕业证书、学位证书之类一定是必不可少的，我真的见过毕业没多久把学位证书弄丢的同学，证件丢失一定要及早补办，不然办理入职是非常麻烦的。

一般面试都是人力资源看一遍，你的直属主管看一遍，也有的为了节省时间两方一起看的。面试的时候作为新人难免会紧张，因为特别像审讯。不过，如果你的作品或者简历里没有作假的成分，坦然回答就好。没必要使劲儿吹嘘自己的成绩，也没必要过度紧张以至于唯唯诺诺不敢说话。

一般面试都会有几个常规问题，比如为什么离职，之前做过什么等等，如果是毕业生，那大概会问之前在哪里做过，为什么不在那边继续等等问题，切记面试官不是你的好姐妹，所以真心的不要过度掏心掏肺地去吐槽之前你实习的单位如何如何欺负你，因为坦白说，很多新人对自己的定位以及心态调整不到位，在没有工作经验的时候很多实习只能做最简单的整理资料的工作，很多人就以为这是一些上司故意欺负他，不给自己发挥的余地，就在下一家求职单位大吐苦水。这不但暴露了你过分幼稚而且心态不稳，还会突出你为人浮躁、不能吃苦的种种缺陷。

一般的面试结尾的时候，面试官都会丢给应聘者一个问题，就是你还有什么想问的。这个时候去问工资什么的其实有点蠢。因为这可能只是第一轮面试，而且很可能面试你的这个只是你的部门领导，可能未必管什么你的薪水、如何定岗之类的问题。

这些问题可以问，但是至少在面对你的领导面试你的时候，这个问题是不合适的。这种具体细节，你可以和人力资源的人去沟通，比如是否有双薪、休假、福利等等。

所以面对主管领导的提问，你可以尝试问他，这个岗位您有什么希望或者要求，或者了解一下自己所在的平台到底是职能部门，还是业务部门？因为一般来说，职能部门都是偏服务类的，很大程度要求协调和配合性；业务部门是主流部门，可能需要专业性更强。

面试是一个最短时间展示自己长处的“秀”，很重要，但是不会决定你的一生，你要做的就是最起码要表现出，你有良好的沟通能力和理解能力，因为东西搞不懂可以教，但是话听不明白的孩子，基本是没人要的。

最后呢，要为那些去工作的小朋友们提个醒：面试的时候千万别迟到，因为如果你迟到，那基本没开始就丢了很多分；还有一些约好了面试，因为迟到，所以就索性不来的小朋友，估计人力资源会气死。如果真的是睡过头不记得了，对方打电话询问的时候一定要多道歉，即便决定放弃应聘也要保留一个良好的态度和印象。

面试其实很多时候是典型的一边倒的不公平考试，所以在你还没资格挑选公司的时候，留下一个好口碑，也许就是广结善缘啊！其实我当年的第一份工作就是陪别人去面试，在等候的时候因为和主管领导聊得不错，被推荐去了他朋友的公司呢！

所以你看，其实生活就是这么精彩和巧合。

工作了，就是大人了，所以找工作，就是长大的第一步！

未来的你，要开始加油了！

无法定义世界，那就学会接纳

你没办法要求你的世界里只能出现什么样的人。

不同，才是这个世界的本质。

而我们要做的，也就是学会接纳不同。

不知道啥时候起，研究生就像初夏的蚊子，一茬一茬地往外冒。

每次看到研究生的简历，我骨子里都有一种羡慕嫉妒恨，本科学历伤不起啊！

考研对我来说是一个梦想，对你来说是个啥呢？

有人觉得这是个问题，而且是个很纠结、很两难的问题。

这其实多少让我有点不解。

我听到了不止一位朋友和我抱怨考研的事。

怕找不到工作，所以去尝试考研，但是害怕读完研究生还找不到工作，要是考不上还白耽误了时间。学的专业自己不喜欢，所以想去考个别的专业的研究生，可家长觉得还不如去考公务员。考大学的时候没想法，考研好像就是顺理成章，觉得自己除了会考试没啥本事，研究生读完依旧没自信，还能继续向上考不？

抱怨和烦恼这些问题的人基本没几个是针对就业和个人爱好的。

这有点可怕。

我想道理其实大家都懂，“考研不是逃避就业的借口”这话估计连你都会背，但是一想到自己要告别这个虽然不那么纯洁但是好歹比社会纯洁一万倍的校园，就很想死！

一想到自己离开校园，马上就要面对“神马”同事、领导，一下子就觉得自己老了。

一想到工作开始就意味着要装孙子，从新开始，面对我什么都不会，被人呼来喝去的窘境，那还真不如挑灯夜读马上考研！

可最后真的是这样吗？考研结束后又会如何呢？

这个你有想过吗？

我的QQ上有一位和我年龄相当的朋友，他是我的一位听众，当初能通过他的好友申请也是觉得他是少有的和我年纪差不多还爱好广播的人，他自我评价性格很内向，不太喜欢和人打交道，他喜欢面对资料、数字，只想做技术。

很多时候，他和我聊天都是半试探的语气，每次他都会先问：你忙不忙？现在方便聊几句吗？

他是研究生毕业，学府和专业都不错，但是这些除了换得了比较不错的起步薪水之外，他并没有获得太多的自信和肯定，他觉得自己还是和早年一样羞于和人打交道。

他总说，其实有时候我不太知道怎么和人去聊天，人一多就觉得很紧张。

他对于职场没有太多的野心，也谈不上规划，他觉得工作维持现状就好。

前段时间他迷上了画画，他觉得绘画可以让他安心下来。我看过他的作品，细碎的线条里全是细节，缺乏整体把握。

我们每次的聊天都会从客气开始，以彼此认真的聊天结束。

有时候我说，哪天有空一起喝个茶吧，他却总是讪讪地答应，却从来没确定过日期。

我对于外语好和学历高的人都有一种羡慕和错觉。

我总觉得有知识的人都是很有魅力的人。

我至今都不知道那几年的研究生生涯对于他们来说意味着什么，在学习领域精进，其目的不是因为完全的热爱，以及最后彻底的展现吗？

为什么我没看到？

我总爱说一句话：人生没有对错。

如果考研可以让你把大学四年对社会的缓冲期再拉长一点，让你去适应的话，我挺支持那些只是因为暂时害怕面对社会而选择考研的人。

但是，无论多么长的暂时，终究还是要有一个期限。

我们都不是长不大的彼得潘。

我们每天都在长大，身边的世界和人都在长大。如果我们一直和世界僵持，努力压制自己，不承认自己要去成长的话，你最后就没办法融入这个世界。

或许有个性的人会说：我干吗要去融入？

我觉得你可以活出你的个性，但这需要勇气而不是怯懦和固执。

我非常羡慕那些有自己的理想和规划，为了爱好和前途去选择考研的人，哪怕有些爱好日后你看来有点不切实际，但至少你都去做了。

我也很支持那些因为没想好怎么去面对社会，所以把考研当作一个缓冲期的人，只是我们都知道，面对社会，是你拖四年还是拖七年都迟早要面对的问题。

你没办法要求你的世界里只能出现什么样的人。

不同，才是这个世界的本质。

而我们要做的，也就是学会接纳不同。

每个人都有自己的痛，我代替不了你

老天安排给每个人的掌声和坎坷或许是均等的，只是有的人在开始的时候掌声多一些，有的人在开始的时候坎坷多一些。人生的顺流、逆流、毕业、告别，其实都不可怕，可怕的是我们因为害怕承受而总是想绕着走，哪怕走弯路、走捷径，也想赶快跨越这段过程而直接享受结果！

每年一到春节，少不了亲戚大聚会，平日里不常走动的亲戚朋友如今扎堆似的出现，有晚辈拜年送礼的，有长辈贺喜压岁的，七大姑八大姨一旦凑在一起，自然少不了就要问起每年都会问到的那三句半：

没毕业的会被问到：学习咋样？现在考多少分啊？

马上要毕业的会被问到：工作找得怎么样了？打算去哪啊？

没结婚的会被问到：今年多大了？咋还不找对象啊？

结了婚的会被问到：结婚几年了？咋还不要孩子啊？

过年这几天，每个人都会“躺着中枪”，被各种“流弹”打成筛子。

老姨家的表弟读高中二年级，马上就要面临高三之战，两位长辈见到我第一句就爱问：现在啥专业比较好啊？就是那种毕业之后好找工作，最好还能收入稳定的专业？

我就苦笑说：“老姨，我这又不是算命的，现在这时代五年一个样，我怎么可能现在就开始预测啊？而且以后这大学一定会越来越普及，你看舅舅家的表弟和我姑姑家的表弟，同样都是大学毕业一年，一个月薪八千、一个月薪三千，差别有多大？

“什么学校啊，专业啊，这种东西也许在某种程度上决定了他们走向社会的第一步，但是不可能决定他们一辈子，而且现在很多事情都是说不准的，你不信三五年之后你再对比看看，也许还会是另外一个样，对吧！”

我这边还没说完，那边大表哥就带着女儿赶来了，第一句就是：“我们孩子年后去北京，你看能不能帮忙安排个工作啥的？”

我先是一愣，接着问：“这孩子想找啥工作啊？”

大表哥十分爽快地说：“就先找个前台啥的干干，等稳定下来了，再慢慢发展呗！”

我听完就笑得不行，且不说这前台接待不是哪个小姑娘说做就能做的，人生第一份工作，你好歹也要有个准备，有点方向吧？

我问孩子：“你学的是什么专业啊？专业课的成绩如何？”

孩子十分干脆地说：“我学的是日语，但是水平非常一般，反正也没打算毕业去做日语翻译，所以还不如干脆就直接放弃。我现在就想着如果能先去北京闯闯就先过去，找个前台啥的工作，先安定下来再说！反正还可以慢慢升职嘛！”

那爽快的态度真的是和表哥如出一辙。

面对如此乐天派的父女俩，我只好适当泼点冷水。

我说：“大学学了四年，肯定会有一定的专业基础，你放弃掉这些呢，那就意味着你可能要一切都从头来，这样话的你的薪水待遇，包括职位，很可能就会比那些做本专业的同学要吃亏很多，这一点你要做好充分的思想准备。

“放弃专业去在短时间内学一门新的手艺，那到时候很可能你会面临更残酷的考验和选拔。据我所知，很多工作的确不看重你的学历和专业，只要通过一定的培训就可以上岗，比如客服、前台接待，但是，正是因为没太多限制和要求，你的竞争对手也会非常多，淘汰比重也很大。而且因为这些职位专业技能要求不高，所以相应的薪水待遇也不会很高，你可能会有一种过五关斩六将好不容易拿到工作，结果才发现薪水和辛苦完全不成正比，那你在北京消费这么高的地方，很可能物质条件就会严重受到影响。

“而且做啥都一定会有压力，比如像销售，每个月都一定会有指标，电话客服人员说错话或者态度不好就会被投诉和扣钱，前台接待不但要求长相好气质佳，还要情商非常高，可以短时间内迅速记住公司中层以上领导的名字，要心眼儿活，说话办事非常讲究分寸感。这些你都想好了吗？

“至于你说的将来再升职，如果是正规的大公司一定都会有规范的职位等级和上升机制，前台接待变身成总经理助理的可能性不大，最后的结果可能是你要特别会办事儿，得到很多人喜欢，你才能晋升到行政部门里，从门口转移到办公室；如果你够细心还懂点业务可能会调到别的部门去做资料员，至于再向上升职大概就需要你考一系列的等级资格证书了。”

这对父女明显被我这番话吓到了，彼此互相看了一眼说不出话来，我连忙安慰说：“其实大学毕业前都会有校园招聘，你可以留意一下，准备好简历，如果不打算做本专业，可以选一个你感兴趣的方向去发展，先去锻炼一下；如果能和同学有个照应那是最好的，不然自己只身一个人跑到北京来，你所承担的压力会非常大，每个人毕业前都会这样，不知道自己能做啥，也不知道自己的能力和优势是啥，这没关系，就去试嘛！反正还年轻，对不对？”

我这边话还没说完，那边邻居的阿姨已经穿着一身扎眼的艳色大衣走进院子了，人还没进屋就已经在高声显摆她那个毕业后就去了外地，两年没回家过春节，传闻一年赚四十万的女儿给她买了新衣服的事情了。我大表哥就好像看到了救星一般，立刻拉着女儿去和对方套近乎，看样子是又要把刚刚的台词重复一次，让邻居阿姨帮忙介绍工作去啦！

唉！有时候我也搞不明白，到底是现在的社会浮躁，还是人心浮躁。

面对毕业，孩子们着急，家长更着急，生怕孩子吃苦受累受委屈，最好是找一个薪水高、任务少、又稳定、又清闲的工作，这种天方夜谭似的工作如果有的话，不是“坑爹”就是陷阱。

每个人都有自己的人生路要走，有些阵痛和转变，是必须他们自己去经历的，谁都不能代替他们去感受这些。试问没有经历，哪来的改变？

想想自己当年毕业的时候也曾迷茫过，七年换了六份工作，还跨了三个领域，一直到三十岁人生都还是蒙着眼的。但是现在想想，如果没有当年那些试验，我又怎么能安下心来做如今的这一件事呢？

老天安排给每个人的掌声和坎坷或许是均等的，只是有的人在开始的时候掌声多一些，有的人在开始的时候坎坷多一些。人生的顺流、逆流、毕业、告别，其实都不可怕，可怕的是我们因为害怕承受而总是想绕着走，哪怕走弯路、走捷径，也想赶快跨越这段过程而直接享受结果！

那边邻居阿姨又在口沫横飞地吹嘘自己的女儿多么能赚钱，这边七大姑八大姨就在小声嘀咕，这个问，“她女儿到底干啥工作的？一年能赚那么多钱？”那个答，“听说就是一个卖货的，卖什么去污产品，也不知道那东西到底多少钱一个。一年四十万？该不是给老板当小三去了吧……”

其实毕业不可怕，未来不可怕，或许人心才最可怕……

简历都写不好，如何找工作

简历也好，面试也罢，其实就和谈恋爱没什么两样。

你可以笨，但是不能懒。

你可以不会，但是不能一直学不会。

前阶段因为部门一个文员离职，所以希望招一个新人来，其实要求不高，但是也不可能是很随便的标准：至少有一年左右的行业经验，有一定的策划能力，懂得新媒体技术。

刚好公司的人力资源部门的人都在忙，我就自己在一些论坛里发了几个帖子，看看会不会遇到合适的人选。

因为要求写得很清楚，希望最好是有行业经验，以及新媒体方面的要求，这其实就已经圈定了范围，不是懂行的圈内人或许就不要来应聘。但是很多刚毕业的大学生或许都本着“也许瞎猫可以碰到死耗子”的原则，所以还是隔三差五有新人往我的信箱里塞简历。

简历看得多了也就看出来一些小问题。因为我不是专门做招聘的人，所以也不知道这些东西是不是全对，如果有说得不对的地方，希望大家不要骂我是误人子弟。

首先要说的是：其实你的相片不能为你加分！

很多妹子喜欢在简历结尾附上自己的艺术照，坦白说别的公司会如何看待这事儿我不知道，但是至少从我个人的角度来说，你的自拍照真的不太能为你加分，尤其是“非主流”以及使用PS之后的梦幻照片，它并不能给你换来一个工作机会。

接着就是你的简历格式，如果你已经工作了一两年，简历请倒序。

倒序的意思就是：简历除了个人信息之外，工作经验部分应该是先从最近的工作写起，直到你大学毕业，这样方便别人一目了然地看到你从现在到以前的一个工作路径和发展脉络。

这里面会有一个小技巧，那就是所谓的“工作业绩”，你并不需要花很多字数去介绍你上一家单位是什么样的企业，如果面试的人感兴趣他可以自己去调查，你需要花心思的是用概括干练的语言描述你在上一家所从事的工作职责以及取得的成果。

也许这些成果里多少会有一些夸大的成分，但是川叔非常真心地建议你：最好根据你面试的工作去适当调整你的成果，这样你会更容易收到面试通知。

比如你在上一家做的职位可能是偏市场方面的，但是你要应聘的岗位更偏文字编辑，那你需要突出你在文案方面取得的一些成绩，之后再附带写上你的执行能力以及其他方面。

因为这涉及一个岗位匹配度的问题，也是扫简历第一眼的直观印象。

我这里需要的是一个能写字的文案，你在简历里描述你画画多厉害，得了什么大奖，你觉得有意义吗？

所以修改简历，你要让我知道，你不但写的文章好，画画也不错。那我会觉得，你还不错哦！还有点样样精通的感觉。

或许有人会问：简历如何写得概括又简明？

简单来说就是少说废话，突出成果。比如你是市场专员来应聘这个岗位，那请尽量省略诸如你人缘多好，你帮老板买咖啡这种事，先把着眼点放在写字这方面，比如：入职半年内，先后参与策划、执行五场大型的对外活动，先后撰写活动报道十五篇，软文及相关访谈三十余篇，受到集团领导高度认可的同时，文章被几大官方网站转载并推送首页。

我自己写的这个简历很烂，但我相信你一定可以写出更好、更贴合自身条件的简历。

此外有一点川叔需要特别提示：简历的文字描述很重要，打动我的或许是你的自我评价。

我看到有人说有些招聘的工作人员根本懒得看自我评价那一栏的文字，我倒觉得或许这是因为大家都习惯性地用制式化的简历去应付招聘人员的关系。如果你的工作经历已经无法改变，那么充分利用“自我评价”这一栏做一个博取未来和同情心的机会也未尝不可。

比如我招聘的人需要有新媒体营销经验，有行业经验，但是你没有，你是一个图书编辑，而且是少儿图书编辑，你的简历或许是制式的，里面写了你做了多少本少儿图书，你负责什么什么，那你的自我评价其实就是一个“你为什么来应聘这样一个和你不相符的职位的理由”。

你可以写：虽然看似我过去的行业经验和您所要求的职位有些不搭，但是我相信文字的要求和标准是相通的，两年的出版经验锻炼了我的宣传文案水准，提升了我市场定位的准确度，也规范了我文字出版的相关要求。此外，对于微信和微博我一直都在经营，所创办的微信平台目前已经获得了三千人的加入，每周三次推送，积累了很多新媒体的经验。

你这样去写，我一定会给你一个见面聊一聊的机会。

可能看到这里你会反驳说："你不知道现在大学生找工作有多难！我们都是拿一份简历，上百家企业地发，哪有空去写什么自我介绍啊！"

其实川叔也想说，或许正是这样，所以你得到的机会才更少。

一个连简历都懒得改的人，其实也就没有多少诚意可以拿得出来，我始终觉得好的文案水准不应该只是邮件内文开头的那句"真诚地希望给我一个可以面试的机会"。

不是我不给你，而是你没给过你自己。

一个简历起到的效果其实很有限，但是如果连一份简历你都没花心思去写过，那之后的面试你又怎么可能花心思去查公司背景，准备资料呢？

我记得前阶段有人来面试应聘文字编辑，却连基本的作品资料都不带，这让我非常失望。

在我看来，面试本身就是一个非常难得的机会，因为它给予你肯定的是：你的简历可以从一堆人里脱颖而出，你获得了比他人多一次的表现机会。

那么，难道你不应该对这个机会表示一下自己的诚意，以及对自己的责任吗？

所谓的责任是什么？

是你当天的穿着、举止、言谈、自我介绍、对公司的了解，以及你所带来的可以证明自己实力的有力“武器”。

我至今去面试依旧很紧张。

因为我在内心里会反复进行场景设计：我要如何做自我开场？面对HR（人力资源）我要谈什么话题？如何简明扼要？面对面试官，我要如何切入专业？如果他问我，你希望了解公司的什么，我要从哪些方面回答？

还有我的表现、语速、眼神、聆听的状态、反应的表情、回馈的思路，以及当天的衣着、打扮、举止，还有我什么时候拿出携带的成果文件最恰当，如何把面试官的注意力从资料引到自己的身上，等等。

每一次面试，我都会好好总结一番：自己发挥得如何？哪些有欠缺？哪些可以更好，等等……

或许有人会觉得：你这样多累啊！

但是，我们总说“机会是留给有准备的人”，这样去准备有错吗？

简历也好，面试也罢，其实就和谈恋爱没什么两样。

你可以笨，但是不能懒。

你可以不会，但是不能一直学不会。

没人要你去骗人或者是扮演谁，你需要做到的是，如何在这短短的几行字里，把自己展示给别人看，如何在二十分钟的问答里，展现你最具有特长的地方。

或许这几行字，几十分钟代表不了你的全部，但这就是机会和要求。

那些和你一样来面试应聘的人，其实和你差不多，但是只要你把握住了这几行字，几句话，或许你就会先得到这个机会。

这就是成人世界里的公平。

那么现在看看你的简历，它就是你画在纸上的一张面孔，你觉得你就长这样吗？

回想一下你拿到面试机会后的种种表现，你可以否定那不是你的所有，但是对我来说那就是我看到的，你的全部。

简历写不好没关系，那人生呢？

其实你的人生只和你有关，也只有你自己能负责，对吧！

做事不主动，你是老板他妈吗？

我记得当时有个好姐妹儿给我推荐了一个出版人，他和我侃大山聊了半个晚上，又是扯愿景又是说策略的。最后我很直接地说，我去了他能给多少钱。他报出了基本工资1800元的待遇，我转身就走，一点面子都不给。

在你还特别穷，而且还没有任何成绩和起色的时候，拿到手的那点银子其实很重要。所谓“人穷志短”，并不是损人，而是因为太穷只能看得见眼前的利益，因为交不起房租吃不上饭，还谈什么理想？

坦白说，虽然工作十年了，但是我真的没面试过几次！

这多多少少和我过于随性的性格有关，很多工作都是源于朋友的推荐，正儿八经的面试我几乎都没遭遇过几次。

每次看到有人说起面试的种种苦恼和困惑，我就觉得要不要把自己印象里第一次的面试经历和大家说说，那一次面试改变了我的生活，后来被我称之为“人生里重要的转折点”。

那是一份广告公司的工作。川叔在没进广告公司之前是一个图书编辑。

那时候正好上一家公司经营不善要倒闭，也因为我年少无知，无法心平气和地面对整天碎碎念的老板，终于在某一个加班的晚上被老板念叨烦了，于是使劲拍了桌子，把领导吓了好大一跳！闹僵之后就有了辞职的打算。

我后来听别人说，有人离职的时候甩领导一个耳光，我当时觉得特羡慕和解气！

图书编辑因为门槛很低，所以只要是圈子里的朋友介绍就都可以去。

反正编辑的薪水在当时普遍偏低，基本都是2000多块钱，小书商都是很抠门的。

我记得当时有个好姐妹儿给我推荐了一个出版人，他和我侃大山聊了半个晚上，又是扯愿景又是说策略的。最后我很直接地说，我去了他能给多少钱。

他报出了基本工资1800元的待遇，我转身就走，一点面子都不给。

在你还特别穷，而且还没有任何成绩和起色的时候，拿到手的那点银子其实很重要。

所谓“人穷志短”，并不是损人，而是因为太穷只能看得见眼前的利益，因为交不起房租吃不上饭，还谈什么理想？

后来托一位好姐姐的洪福，我有幸去做了某位歌手的宣传。当年采访她，因为采访稿写得极好而被留下深刻的印象，于是当年她发EP（迷你专辑）缺少宣传，我就被拉过去充当小弟，每个月拿三千块，发稿子上通告还有提成。

坦白说那位歌手在当年我以为是已经无法东山再起，直到若干年后在某个非常红的歌手比赛的节目里看到她，差点当场泪奔……不过当年哪能预料到她日后会有这样的翻身仗，所以当时推荐真的很辛苦，而且心里明白这一定不是长久之计，也权当是一个过渡吧。

我能去广告公司，这要感谢我的好友小天，如果不是他当年悉心指导，大棒加榜样地推动我，估计以我软弱的个性可能至今都还在徘徊中。

那时候因为上班很清闲，所以小天总是没事儿约我出来聊天，听说我在物色下一份工作，就提起朋友圈里有位好友的公司貌似在招人。我就应付着答应，坦白说当时真的没太听进去，一来是自己不熟悉的领域，二来开口求人这种事在当年的我看来，还是非常抹不开面子的。

总之呢，这事儿回头我在QQ上问了一句，之后就没了下文。

隔几天小天找我吃饭，就问工作如何，我就说和对方说了一下，后来就没什么下文了。小天听了立刻纠正我：“这是你求人家办事，你自己不主动点，等着别人开口通知你吗？而且这位朋友大家又认识，你干吗还觉得拉不下来脸呢？”

小天是典型的行动派，在当年就已经是一家五百强企业的经理，当年还没有“土豪”这个词儿，换作今日估计我要赶紧下跪求土豪和我做朋友。

小天当着我的面儿，二话不说直接拨通了对方的手机，帮我去询问进展情况，结果对方说，刚好部门负责人在，如果方便下午可以过去聊聊，于是小天就在电话里把这个面试敲定了。

我当时还一个劲支支吾吾地说：我还没吃饭啊，还没什么准备啊，这么去是不是太突然了啊！

小天倒是很大度地说：“你不是简历发过去了吗？作品什么的都有吧？没带的话回去取了立刻去，吃饭什么时候吃不行啊？少一口不会死人，但是错过了机会就会错过很多！”

说完就把我往外推。

我边走边说，但是我真的不懂广告怎么办啊！

不懂你就笑，没人会反感会笑的人。这是我出门前听到小天送给我的最后一句话。

当面试我的部门总经理一脸讳莫如深地看着我，我就自动地满脸堆笑了起来，在了解了基本情况之后，经理和我介绍了一下公司情况，带我参观了一些公司的成果，坦白说这个阶段我基本一句话都没说，因为完全不懂啊。

我就记得小天告诉我的，要笑！

所以从头到尾我都保持了明媚灿烂的笑容，以至于出门的时候脸都和打了肉毒一样僵到不行。

面试完之后我就打电话给小天，汇报面试情况。

小天告诉我，反正有熟人在公司里，要我多和对方保持联络，这样才能随时知道动向。

大概没多久，那位朋友就告诉我，最近可能要二面。

果不其然，晚上就接到了二面的电话通知。

二面核心内容就是谈工资。

这点我完全没经验，对我来说要个三千就够了吧？

小天说，工资这个东西，你如果不要高了，你依旧会把这个当作和之前的工作一样不重视，那么一旦遇到挫折、打击、困难，你依旧不会去珍惜这份工作。所以如果工资高一点对你来说是一个动力的话，那么要多一点也不是坏事。

之后他又连忙给那位广告公司的朋友打了电话，了解到我的直属领导的薪水大概是一万，那么要五千块应该算是比较合理。

五千！天啊！这在我当时看来几乎是天大的玩笑啊！

但是小天觉得没问题，我就壮着胆子去了。

当HR开始问我“你之前的工资大概多少”时，我就按照定好的说，大概在4500左右。

之后HR问：“那是税前还是税后呢？我们这里是上五险一金的。”

我当时就有点没底气地说，是税前。

之后HR继续说，这里是13个月的薪水，年底会发双薪，此外还有年终奖。

当时我的内心独白是：啊！这么好！那4500也可以啊！看吧！其实我当时真的是个软蛋！

HR让我回去等消息。

我出门就打电话问小天：这个数是不是要多了啊？

也许是年终奖的诱惑？也许是一辈子都没拿过的年底双薪？总之当时就觉得好想去这家公司啊！少开五百也可以啊！

小天说他在出差，回头等他了解一下情况再说。

等待的三天可以说是人生里最漫长的时间。

小天从外地出差回来，拉着行李箱就约我喝茶，之后对我说每个人面试，企业都会权衡一下，不可能面试一个就决定录用，所以等待是一个彼此需要缓冲的过程，他也透过那位朋友打听了一下，这阶段的确还有一个人去面试过，但是效果并不好，所以我还是很有希望的。

在小天的言传身教下，我发了一个短信给面试我的领导，内容的大意是说，虽然我这边还需要做工作交接，但是一些文字加工的事情，我可以先着手开始熟悉起来。

这种言辞恳切的理由，表达了极大的诚意。

这是没有经验的我想破头都问不出的，估计我只会问：那工作行不行？不行我找别家了。

关于工作交接的问题，当时小天告诉我，必须要说需要一周，哪怕你没什么可交接。一来是要树立你负责任的形象，二来也是给自己一个头脑降温的过程，也顺带给自己多一些的机会。

这个短信得到的回复是：部门经理说他在出差，回去应该就可以敲定。

两天后，我得到了可以入职的通知。

小天从外地回来那天，我们在茶楼里喝茶，我看着他脚边的行李箱，突然问了一句："其实我现在都不知道你为什么要这么帮我？"

他说："因为我觉得你很有才华，只是你一直看不到你自己的闪光点，我觉得你以后会很优秀，这样万一将来我有什么为难的地方，你就可以帮我啦！其实我只是在帮未来的自己而已。"

这句多少有些窝心的宽慰，成了我后来面对工作困难、瓶颈，甚至到崩溃边缘的时候唯一的慰藉。我希望成为优秀的人，为了可以将来有机会帮到你。

这个愿望成了后来我向上晋升的一个理由。

虽然时至今日，小天依旧如坐上私人飞机的土豪一般，"高大上"得追不到，但是我依旧心存感恩，谢谢他当年如此教我。

这或许也是我希望写下这些年职场感悟的一个小小的初衷。

希望这些文字可以帮到别人，哪怕一点点也好。

不是我教你诈：说说面试里的那些提问

我自己很平凡，正是因为平凡，所以才不断提醒自己，以谦卑的姿态，不断去总结和成长。以更理性的姿态去思考，我要做一个什么样的人，然后努力去靠近。

就这么简单，去做吧！

如果说简历是一张你画在纸上的名片，那面试就是你生活里的第一感官印象。

你得到了面试通知基本上可以确定两种可能：第一，你的简历特点突出；第二，你以往的工作经验符合目前岗位的标准。

前者会有一定的情感元素，这通常会因为你简历的印象分不错，所以你需要在面试的时候，保持住原有印象分的同时，加入你相关的专业知识，后者则必须放大你的专业性。

判断你属于哪一种的关键来自于HR给你打的第一通电话，要在基本的询问当中了解这个企业的简单情况，以及更多的关于这个岗位的要求。如果是和自己的专业对口的，那属于后者；如果和自己的专业无关，只是和自己的某些经验甚至你的业余爱好有联系，那一定是简历的作用。

不论是哪种，面试都是一件态度决定行动的事儿。

我之前和曾经离职但是一直苦于找不到工作的下属说过，面试就是一场秀，不用过分在意它，但是也不能轻视，你得到这个展示的机会，就已经说明你比别人更具备了一定的优势，那么接下来不过就是要看你如何把这些优势展现出来而已。所以你的言谈举止，你的思维逻辑，你的开篇，你的外表、穿着、细节，这些都是你得力的道具。

人生如戏，全靠演技！

这话不是说让你去装别人，而是让你充分利用每一个空当，最大程度地释放自己。

所以之前有人问我，面试要穿什么比较好，我回答说，穿你觉得最符合这个场合也让自己最自信的衣服。

很多面试都会有人穿正装，正装这东西平时要多穿，不然你会总有一种穿着偷来的衣服的感觉，会很不自在，这些多少都会影响你的发挥。

刚好川叔前段时间在面试别人，最近准备跳槽在被别人面试，那就和你说说，我自己遇到的和我会问的那些面试里的问题。

这不是教你诈，而只是让你看完多个心眼儿，自己留点神罢了。

面试的第一战要解决的就是自信，泰然自若，自信满满是最好的状态。然后你要准备的还有两套不太一样的开场白，因为你即将面对的第一个提问就是：简单地介绍一下你自己。

“来！简单地做个自我介绍”，这个问题是川叔目前被面试的时候问到最多的，也是川叔面试别人的时候最容易先问的。

为什么会问这个？因为一般来说，HR面试完，都会让你的直属领导面试，所以你的领导要有一个看简历的时间，这个问题可以考验你基本的逻辑性、语言表达能力，以及自我概括能力。

这个问题可以算是一个下马威。所以提前准备是必要的。

为什么是两套？

因为通常HR关心的是你的岗位匹配度，而你的直属上司则更多看重你的包括团队协作、抗压能力等诸多问题，所以开场白如果能有所不同是最好。

一般来说，和HR要突出你的工作范畴、工作业绩，和直属上司要突出你和你本岗位匹配的工作能力，这里面会包括了你的带队能力，协作能力等等。

通俗一点说就是，和HR你要忽悠着点，因为他们没有太多的专业范围的判断，所以他们如果觉得这个人听着还挺牛的，干的事情还挺多的，还比较靠谱，那就足够了。

和你的上司说话要谨慎，不然很容易变成行家面前耍大刀，自己露怯，你可以把你的2分说成5分，但是你不能把你的2分吹成10分。

说到“注水”这个问题，每个人都会多多少少地夸耀自己的成果，但是这里川叔提醒你一定要谨慎。因为很多职业的圈子都非常小，所以熟人也会很多。

我前阶段招聘就遇到了一个爱吹牛的，刚好那哥们儿上一家工作过的企业我有一个不错的朋友在，于是他介绍的时候我就问，那×××你认识吗？他当时有点慌，只说了听说过，但是工作交集不多。

回头我在QQ上和朋友一问才知道，原来那小子在那家企业只工作了三个月，他就敢在简历里写工作了一年，所以你看所谓的背景调查，其实真的就是这么简单啊！

自我介绍是一门学问，坦白说没人更比你了解你自己。

你的优点、长处，还有你的根本，这些都需要你好好地总结和梳理。

突出自己的优势，集中放大自己的长项，把自己过往的工作经验里穿一个脉络出来，这样既方便于面试你的人掌握你的核心要点，也便于你自己培养第一个阶段的面试自信。

大概的范围无外乎，你在上一家的职位是什么，负责哪些工作，你取得的成果有哪些。说得慢一点，语速适中会更便于对方听清楚，过分紧张会让你在被对方打断的时候思维断片儿，唯一可以消除紧张的方法就是，多练习、多面试。

自己尝试在洗手间里对着镜子说一遍看看，等你把词儿记熟了再考虑眼神和面部表情这回事吧！

千万不要小看任何一个面试你的人，因为你并不知道他会出什么招，而你只能全神贯注，见招拆招。

“说说你对我们企业了解有多少？”这个话题通常是你的直属上司会容易问出的。

我自己的习惯是我会在对方自我介绍完之后，根据对方自我介绍的逻辑、能力，判断这个人的基本状况，之后对企业做一个简单介绍，就有点像你介绍了你自己，我介绍我们一样。

有人会说：啊！你这样就可以判断一个人了么？

坦白说，有时候是判断不出来的，但是可以对比。

人，最害怕的是比较。

领导和HR每天都可能会见不同的人，我或许不知道你是不是真的合适，但是至少我可以比较得出来，你和上午我面试的那个人，你们谁更优秀。

面试，其实是一场小的生死角逐，结果有的时候是优中选优，有的时候最好的因为待遇薪水谈不拢，我们也会退而求其次。所以如果你做不到那个最好的，那么你也要做到保守选择里最优先的那个。

让面试者说一下对企业的了解，这话题多少有点显摆的成分。除了有面试方的自我优越性之外，还希望考察一下你对这次面试做了多少功课，你对于来这个企业就职是否积极。

川叔个人的做法未必适合你，仅仅作为一个参考。一般来说，我接到猎头的职位推荐，都会和对方要一些企业资料，还会查阅一下对方的官网，除了需要一个大概的了解之外，也要在内心里做一个相关专业的判断，以用来准备回答直属上司提出的专业问题。但是我在回答这种问题上，一般都会采用避重就轻的原则，把话语权给对方。

因为我觉得，我都介绍完自己了，礼尚往来也该轮到你自我介绍了，所以我的常规答案都是："来之前查过一些资料，也有去你们的官网看过，但是具体的一些内容还是希望您为我做一个简单的描述。"

每一个企业的高管或者HR，在描述本企业的时候都会带有一定的自豪感，所以对方在讲述的时候，你要适当地给予一定积极的反馈与回应，适当地穿插一些“嗯！”“哦？原来这么棒？”“真的吗？”等等类似的附和话，会让他说得更细致，但是切记不要不懂装懂胡乱插嘴，万一插错话，效果就会大打折扣。

“如果让你来做这个职位，你要怎么干呢？”或者“说说你对某某行业或者某某职位的理解”。

这种虚拟型的提问多数是关于本专业的，考验的是你对行业或者职业的一个看法以及初步的理解，回答这种问题，基本决定了你面试的成败。

川叔的经验是，回答之前你要明确你的提问对象最想听哪一块内容，问题指向性是什么。避免回答过于细节的问题，但是也不要过度流于表面，因为泛泛而谈很容易没有亮点，这个答案的获得可以通过你的反问来逐渐掌握。

比如你可以回问说：“关于某行业或者某职位这个话题会稍显有点泛，我不知道您问的是更偏向于哪个方面呢？”或者反问：“因为每个企业的岗位职责要求都不同，我毕竟还没有来到这个企业，所以我想知道您说的如何开展工作，具体是指哪个层面？”

这个问题的答案取决于你的真本事，以及之前查找企业资料时候的思想准备。

我们来面试工作就是来干活，你的想法是什么，这是你必须要面对的一个问题，所以早思考会比较容易早有想法。面试官的这个问题其实并不是要你真的按照你说的去办，而只是看看你的真本事到底有多少，所以在通过反问对方，明确范围的同时，头脑飞快运转，组织语言，形成答案，这是必要的。

此外有一点一定要注意，很多领导作风强势，当你说完，或者说到途中的时候，如果对方打断你，要率先判断对方的意图是什么。如果是你说得实在太离谱，不想让你说下去，那你需要连忙结尾，之后明白自己的这次面试或许失败，出门之后好好总结和反思一下。如果对方只是纠正你的某些观点，那么不妨把话语权让给他，这个时候不要尝试和他去争论对错，因为他讲的越多，其实对你越有利。

我记得我上周五去面试的时候，直属领导是位副总裁，他一直在插话纠正我的观点，我开始还试图去和他争辩，被他否定了两次之后就索性让他讲。当时我还在想，该不会自己直接出局了吧？后来转念一想，如果他觉得你不行，是不会和你多说废话的。所以面试的时候，控制情绪很必要。

还有一次面试的企业，因为部门是新成立的，所以拉了一位总裁秘书来一起面试，对方也给我出了一个类似的问题：“来这里你要如何开展工作？”我刚说了解决方法，她就开始否认，我换了另外一个方案，她又否认，我当下的判断是，这人是来找茬的吗？所以索性把问题抛回给她，说自己对企业内部的状况还有很多的不了解，所以我很想问，如果她是我，她会如何来解决。她就得意洋洋地把她自己的答案说出来。我立刻给予回馈说，看来不深入了解企业不行啊，入职以后要多向她请教才能抓住问题的核心。其实她想展示的就是她自己的答案而已。所以，判断一个人提问的意图很重要，他问题的核心和立意，决定了你回答的侧重点。

“说说你为什么想离开？”

这个问题通常都是面试快结束的时候会被问起的。

人力资源总监级的面试，这个问题考察的是你的职业发展规划，自我的衡量与定位。

如果你觉得是希望换个平台，那么你希望在以后的平台有什么期待？有想过自己三年或者五年要达到一个什么样的目标，你对自己目前水准的认知是什么样？

这些信息要在回答这个问题的过程里，逐一释放给对方。

你的直属领导对于这个问题的判断是希望知道你的短板是什么。

你工作的抗压性，团队协调能力，你的情绪控制力，以及你自身可提高的范围有多少？

因此离开上一家公司的理由，需要有所侧重。

最忌讳的就是祥林嫂一样地大吐苦水，或者是痛诉上一家公司的血泪史，大骂前东家不是人，等等。这些不会给你加半点分，反而会在你的面试评定里增加上抗压能力差、自我调节能力待考察等字样。

昨天有位朋友还问我："我离职的原因很复杂，我要如何说明白呢？"

我说："那你把你要说的写下来，我看看。"于是她罗里吧嗦地写了很多，包括和前领导吵架，待遇不公平等等说了个没完。

我看完说，能不能再简练点，尝试用条目梳理，比如几个方面，字数也再少一点。

于是她发回来了三条——待遇、分工以及奖励。每一条后面还使用了一个括号，里面是一些表达个人情绪的词语。我就回答说，那么下次回答的时候就说这三点，但是要去掉括号里的内容。

你离职的理由，其实没人关心你有多辛苦。

HR不是电台大姐，你的直属上司也不是你妈，和他们痛诉社会不公，你明显是找错了对象的。

相对客观冷静克制地概括离职原因，是对自己的一个总结，也是对过去的一个概括。

没人可以带着仇恨去一个新的地方生活。

我之前曾说过，你在上一家公司没能解决的问题，会直接带到你下一家公司去。

你的领导能力、情绪化的问题、协作能力、沟通能力，哪些是你的短板，你自己清楚，要及早调整自己，而不是让人先入为主地产生一个不良的印象。

当你和HR痛哭流涕说同事们排挤你，不理你的时候，或许他会在你的评定里写下“团队协作能力存在一定的问题”。

当你和面试官痛诉上一任领导贪小便宜，抢占你的功劳，痛诉“革命家史”的时候，他或许会在你的面试评定里写下“抗压能力太差，不适合这一岗位工作”。

是的，没人乐意了解你的辛苦。

也没人乐意去做背景调查，看看你那些笨蛋同事为什么要联合起来排挤你，为什么你一直都在小团体之外，你的前任领导人品差到什么程度，他沾沾自喜的功劳是你熬了多少个晚上才换来的。

是的，职场其实就是这么残酷，甚至有点无情。

我们没办法委屈自己去融入一个小团体，尤其是当你觉得他们庸俗，甚至俗不可耐的时候。

我们没办法接受自己的顶头上司是一个拈轻怕重的人，还可以不要脸地抢你的功劳。

这些没办法最后促成了我们的离开。

中国有句古话叫作“一笑泯恩仇”。

其实世界这么大，或许我们转身就再也遇不到他们了，对吗？

恶人自有恶人磨，我们斗不过他们，离开他们，走得远远的，过自己的生活也就够了。

所以何必呢？

在离开之后还带着上一家的怨愤？

笑一笑，不是为了原谅别人，只是为了放过自己。

把每一次的历练当作一次经验。

谁不喜欢积极正向，对自己人生有追求，宽容有胸怀的人？

如果你不是，那你可不可以尝试去靠近这样一个目标？

越靠近这个目标，你收到的良性反馈也就越多，那你面试通过的几率也就越大。

“那你还有什么想要问的？”

这个问题通常会放在最后，考察的是你对于企业的兴趣程度，以及你对职业发展的一个打算。

一般来说，面对这个问题时，不适合去问“这里最多一个月可以开多少钱？有保险吗？……”

这些不会让你减分，但是也不见得是你的加分项。

和HR你可以问一下大概的部门编制以及汇报对象，你就可以判断出你所在部门的大概情况。

面对你的上级，你可以问一下为什么要设立这个职位，或者他对于这个职位的期待，这样你方便对比你自己的差距，看看到岗之后你要如何短期之内迅速拉近差距。

对于董事长级别的，你可以问一下他对于你所在的这个岗位所秉持的期待，以及未来的一个预期，这样你就大概可以知道，你的发展高度。

千万不要自作聪明去提一些过于专业范畴内的问题，尤其是有一些人很喜欢用一些专业问题去为难HR，这种尴尬对于你后期入职不会有好的印象分。因为HR或许是你入职时候最熟悉的人，你可能有很多琐事需要请教他。

其实说一千道一万，面试里再多的提问，都无外乎专业和人品。

专业再好，人品不行也没办法通过。

人品很好，沟通和聆听能力很棒，善于总结，懂得自我成长，这样的人专业性差一点没关系，因为领导就是带人的，他会用不同的方式来教你。

我刚刚还看到有人说“川叔，我年纪比你小，但是赚得比你多”。

其实这是应该的。

这个世界上能人很多，比我专业的人更多。

我也常常对很多朋友说，或许你觉得现在的川叔很了不起，但是再给你五年、七年，你会做得比我好太多。

或许你不用到达我的年纪，收入就会远远超过我，这点我很确信。

因为青春是最好的财富。

我自己很平凡，正是因为平凡，所以才不断提醒自己，以谦卑的姿态，不断去总结和成长。

以更理性的姿态去思考，我要做一个什么样的人，然后努力去靠近。

就这么简单，去做吧！

Part2

不愿一生吹风晒太阳，咸鱼也要有梦想

逆风时，空气流速明显加快，飞机机翼产生的上升力更大，

顺风时，要跑好长的轨道才能有足够的速度起飞，

所以大部分飞行员喜欢逆风飞行，因为可以飞得更高更远！

忍下来，就是向前一步

被领导骂不可怕。

如果是业务上的，被骂是成长。

如果是情绪上的，那其实是他没格调。

你被各种骂磨炼成业务更精进的人。

你面对各种情绪的挑战，进化成自我控制更好的人。

那么，取代领导的位置，其实只是一个时间长短的过程而已。

人生难免会遇到一些骂人的人。如果是不相干的，那或许你会说句“没素质”。可万一这个人是你的领导呢？那就惨了。

这种跟中彩票比概率的事，川叔荣幸地中标了。

事后总结下来就是：心态很重要，格调更重要！

先说说我被骂的事儿吧！

新官上任三把火，这是自古不变的规律。

作为一个职场半新不旧的人，要出头，一定要跟对老大。当然跟老大这件事肯定要跟最大的头儿，你才能学到最多，但是如果你跟了总经理，万一副总经理和总经理结了梁子，那你难免会成为炮灰，这事儿你跑不了。

如果你怕得罪人就此退出也可以，毕竟人和人不一样，不是所有的人都希望学点东西，懂点道理的。

我做人的原则很简单，学习。

谁有本事就跟谁学，做人最基本的原则其实就一点，不背后讲究别人，不盘算着怎么去算计谁，心无杂念，开诚布公。

刚进入这家企业的时候关系很复杂，我们当时的总经理是个“空降兵”，外聘来的。副总经理是本企业的老员工。

作为同为女性的两位经理，本身就“同性相斥”，老总上任的第一个亮相就被副总给了一个下马威。后来更是演变到了势如水火的态势，居然到了开会的时候副总直接说有事告退的程度！

我当时人小力单，属于另外一个“与世无争”的挂名领导手下，因为每周看到那位领导的几率非常小，一周五天，他就上班两天。

作为他的下属，我大部分时间属于三不管地带，所以你能知道作为一个大好有为青年，在这种环境下还能要求自我进步，我是多么难得的人才吗？

我大部分时间都只做自己会的那么点破事儿，当然，功劳都归上级。这是做下属的必要素质。活儿很轻松，日子有点无聊，在总经理没到任的时候，偶尔还会被副总当作小弟使唤。但是因为对业务了解有限，所以我的专业水准也基本处于打杂的位置。

可万万没想到，这造成了后来逼迫我成了总经理的小弟的开始……

简短来说就是，因为总经理和副总闹不和，副总严格把控着手下的兵马，总经理手底下根本没有兵，因为她就管两副总，现在一个副总常年不在，跟另外一个又势如水火，怎么办？

于是我就被她“借调”到了手下，成了她的跟班。

我那时候其实说白了就是一个贴身小助理，帮忙买个咖啡，定个会议室，负责订车，联络，陪开会，陪听汇报……

真的没什么实权，但是岂不知这些早就被副总怀恨在心。

跟随这位总经理一年左右的时间里，我基本学会了适应她的不守时、忘事儿、随性、没有逻辑等等一系列的缺点。

所以如果有会议，我会提前做好每周会议通知，前一天晚上会短信通知，第二天早晨会提前半小时提醒她出门准备，之后买好早餐，打车绕路去接她，车上她边吃早饭边听我说今天的会议主要议题和内容，包括这次提案的乙方的背景资料等等……

也许是因为陪开会的次数太多了，我逐渐掌握了一些业务名词，懂得了一些业务上的事情。

但是这么一位不那么靠谱的老总，管理能力又有限，而且传言副总在集团里有熟人，于是公司里各种举荐将她扳倒。

总之就是，董事长杯酒释兵权，一顿饭就把她从总经理的位置撤了出去，去集团业务部门做副总了，虽然抬头变了，但是工资没少。她也就欢天喜地地告别烂摊子走了。

对于她调走没能把我带上，我还有点小怨愤，后来想想自己的能力还没到那个份上，而且她自己都自身难保，又怎么可能顾及到我呢？

所以我也只能自求多福。

接管总经理一职的是位男性，来了三天，基本上都是打个照面之后看不见人，躲进会议室和副总经理开了很多对谈会。之后就是找总裁，争取福利，改制度，忙得热火朝天。

几乎每个下属都找了谈话，唯独我和另外一个销售总监算是前总经理留下来的人没谈过。

看来这是要杀鸡给猴看的节奏啊！

虽然惶惶不可终日，但是该做的事儿还是得做。

总经理和副总在密谋商讨“杀谁”的时候，我已经紧张万分，这时候又迎来了晴天霹雳，我原本的挂名上级忽然决定要去国外留学了，于是孤苦无依的我瞬间被记恨我的副总彻底收编。

虽然没有容嬷嬷对紫薇那种扎针滴蜡，但是你懂的……

哪能那么轻易放过你呢？

副总组织“部门会议”，呵呵，我们现在都是一个部门的喽！

看到副总脸上洋溢的灿烂的微笑，完全是一副女皇登基、媳妇熬成婆的快意恩仇的表情，我和另外一位销售总监只是被点拔了一句：继续保持工作。

那时候的我还没想到，这只是暴风雨前的黎明假象。

就在总经理搞定了上级，帮我们争取了福利，每个人每个月多发了八百元的补助，获得了民心，不知道用什么方法俘虏了副总，攘外安内均做好之后，霍霍磨刀的声音响起了……

第一次部门全体会议召开。

当时我和销售总监都在项目上忙得鸡飞狗跳，自认为夹着尾巴做人不敢有半点差池，心想着好歹没功劳也有苦劳，而且没错误，也不求领功。

但是万万没想到的是……这也抵不住发难的洪水！

以前我们部门开大会一般都会很长时间，最少都会一个小时以上，除了汇报工作，还有领导总结，下一步骤的实施，等等。所以大家大多数都会带着本子、水杯和笔。几乎人人如此。

那天的会议很出奇，基本上以副总为首的下属都只是带了本子和笔去，就好像接到了临时通知一样。

我当然是不知道的，带了一个水杯去，万万没想到这会成为发难的第一个炮灰。

总经理第一次正式闪亮登场。

简单回顾了一下他上任以来做的事情，包括争取福利等等。

之后突然就说了一句："我个人的原则呢，是不开长会，不开大会，所以我的会议是绝对不允许有人带着水杯参会的，让人觉得这就好像是一个国企一样。"

这忽然的发难，让我有点蒙，我环顾四周发现，哎，怎么就我一个人带了杯子呢？

我只好连忙站起来说："抱歉，我下次一定注意。"

“没有下次，现在就把你的杯子拿出去！”老总基本是吼的。

坦白说，我吓了一跳。

内心的吐槽是：至于吗？你如果有这样的习惯，你早说啊！何必对我大呼小叫。

可“圣命”难违，我只能灰溜溜地拿着杯子出门，走到前台先寄存一下。

但是多少内心里还是有情绪在的。

之后总经理做完了“吓唬我”的工作，就开始说业务，苗头基本上都是直指销售总监。

我一看就明白了，全场那么多人，就说我们俩，这摆明了就是拿我们俩开刀啊！

而且其他人那种窃笑的表情，你就瞬间有了一种中计了的感觉。

销售总监是一个很要面子的人，他无法接受别人质疑他的专业能力以及不作为。

于是针对老总的指责，他进行了据理力争的辩解。

于是，两位男性的争执进入到了白热化的程度。

当然，总经理也不是吃素的，毕竟他也是做销售出来的，有很强的专业能力，几句切中要害的诘问就让销售总监卡住，之后就是一连串的反问。

最后销售总监以冷脸、消极、嘲讽来抵抗。

我一看，这是要辞职的节奏啊！

果不其然，会议其实就是我和销售总监的批斗大会，宣布解散后我们俩被留下。

老总将大会上压抑的怒火又挑起来，反复质问总监：“你的工作是什么？你做了什么？你发挥的作用为什么我没看到？”

销售总监也陷入了火力全开的模式，比如：“你懂这个项目的复杂性吗？你知道我前期都做了多少工作？你以为从无到有那么容易？你知道协调所有的东西有多难？我把原本应该总经理来协调的事情都做了，你还希望怎么样？”

最后随着老总一声拍桌子，场面陷入了空前沉寂与尴尬。

也就在那一瞬间，我忽然觉得头脑里的频道一下子转换了。

为什么转换，其实我也不知道。

就是内心里忽然出现了一种“也不过如此”的感觉。

因为，情绪化是一个人最大也是最致命的硬伤。

如果你遇到一个比较容易情绪化的老总，无非只能证明两点：第一，他没把你当外人；第二，他的专业水准其实没你想的那么厉害，因为让人服你靠的是管理才能、专业能力，而不是比谁的嗓门大。

现在别人怕你，或者不敢回嘴，很多时候不是真的服你，而只是忌惮你背后代表的权力而已。

如果一个人只能靠身份不平等来压制你的话，那这样的人，你又有什么好怕呢？

坦白说，那个一分钟左右的沉寂里，我有了一种瞬间开悟的感觉！

之后回工位的路上，销售总监负能量全开，唠叨的无非就是"他凭什么对我大呼小叫，老子不干了"之类。我边听边打哈哈，内心却想的是：你不干了，那不正是他期望的吗？

人生里最难也最容易的，莫过于一个"忍"字。

忍下来就是向前一步。

忍不下来，其实你和以前没什么两样。

忍不下来，只是因为你内心有气。

你能生气，是因为你把自己放在和对方相同的位置而已。

如果你回头想想，你会觉得：我干吗要和这样的一个人一般见识？

之后呢，就像你想得到的那样，销售总监负气辞职了。

我呢，忍了下来，后来还和总经理成了不错的朋友。

所以被领导骂不可怕。

如果是业务上的，被骂是成长。

如果是情绪上的，那其实是他没格调。

你被各种骂磨炼成业务更精进的人。

你面对各种情绪的挑战，进化成自我控制更好的人。

那么，取代领导的位置，其实只是一个时间长短的过程而已。

不是所有的领导都具有领导品质，而一个下属要成为领导，做业务只是一个最基本的事情，拥有领导品质，你做领导以后的日子，才不会那么难过。

情绪人人都会有，关键是你用多长的时间把它压缩和转化。

一天，一小时，还是一分钟?

和下属大喊大叫是逼走下属最直接的方法，但是这除了降低你的格调，滥用你的职权威严以外，你获得不了任何成功的快感。

那一刹那争吵带来的优越感，只是因为职位，而不是因为能力。

有本事心平气和地把事儿说清楚。

情绪的修行是一条很长的路。你以为在别人面前发火是树立威严，但是或许也暴露了你的软肋，告诉别人，你也不过如此……

摔了，收拾一地的碎片，重新再来

新人失败是必然的，走弯路是难免的，有挫败感是经常的，成就感如果那么容易得到就不叫成就了。

人在职场，最大的本事不是你在台面上有多光彩，而是你摔下来，还能快速收拾一地的碎片，之后露出笑容对自己说：没事！再来！

找到一个靠谱的下属不容易，带一个靠谱的下属更不容易。

最近招聘的下属，几乎都是85后和90后。大半夜睡不着，想着给新人做培训的时候应该说什么，于是在手机上写下培训要点，现在分享出来，权当是一个过来人和你唠叨几句所谓的经验，千万不要嫌弃川叔啰唆。

1. 做事很重要，但是更要学会做人。

新人入职，如果只是埋头做事，最后顶多是个兵，当不了将。

所谓做人不过就是多笑点、多帮点，有事儿多主动点，这些“多”不会让你累死，但是会让你很快能融入这个团队，让大家记得你。

多笑，多说，多问，少生气，少打听。

每个人都喜欢有正能量的新人，背后打听和筹划一些破事儿是很蠢的，因为你根本不知道你打听的对象，谁是你领导的对头，也不会知道你打听的问题会如何被添油加醋地传到谁的耳朵里。

所以，做积极正能量的自己。多说几个“我试试看”，少说几个“没问题”以及“我不行”，或许是最好的打开局面的办法。

2.领导没有教你更多的义务。

如何能让领导教你更多的东西，那才是你的本事。

坦白说，新人来了就是干活，帮领导分担工作，所以必须要会做事。

领导为了让你做的事情能多快好省，可能会交代你一些流程或者经验，但是他能不能和你分享更多，取决于你的工作成绩和态度，以及你怎么对他。因为他没必要教你，而且教会徒弟饿死师傅这样的事情不少，他凭什么教你？

浅薄地讨好固然是受用，但是不会太奏效。大家都是老油条出身，还能败给你这种小伎俩？所以真心对他人是必要也是根本。

所谓的真心不是让你关心领导家门牌几号，生日多少，而是帮他做一个会议列表，提前发一个会议通知，吃早饭的时候发个短信问他要不要带杯咖啡，其实不过是最基本的人情往来。任何培训都需要交学费，你上班做下属，用不着学费，那好歹也要一点人情投资不是吗？

3.纠结是你自己的事儿。

不要轻易和你的上级以及同事闹脾气，因为没人欠你什么。

新人入职场，跳槽一两次，多数原因都是因为迷茫，找不到方向，也会有自己选的这个职业自己不知道喜欢不喜欢或者能不能做长久。

这种迷茫都是自己的，包括之后你可能会遇到的失恋、劈腿、外遇，这些个人理由，都不是你怠工顶嘴甚至闹脾气的理由。

不想做了，想走就走得干干净净，没必要大发一通火，明天不来了。这样很没意思，而且我担保你有了一次，下一次也依旧会如此。

4.有没有目标不重要，重要的是先留下来。

很多领导都会问新人目标，大多数人都回答不上来，有一些自负的人会说，我的目标就是坐你的位置，这种意气风发也算是不错。

其实有没有目标并不重要，目标可以慢慢找，但是撑过试用期，留下来，活下来，这个才是最重要的。

也许有人会说，这个工作有那么重要吗？

对不起，如果你这么看，那你不重视工作，工作也不会重视你。

5.你的工资永远会比你付出的少。

这是肯定的，所以你用不着不平衡，你付出的同时，你获得的不仅仅是工资，还有经验。

想加工资的办法除了好好表现就是升职，而你距离下一个位置有多远，你自己清楚，领导更清楚。

6.做好随时清空自己，学习新知识的准备。

这句话是告诉那些转行的同学的，虽然每个门类都是相通的，但是清空上一个地方学到的东西，让自己从低姿态做起，你会更容易学到和补充到新的知识，尤其是换了一个门类和领域之后，完全以新人面貌去做事情，把自己清零会更容易找到定位，学得扎实。

7.学会使用图表分析问题，学会自我总结。

图表是最好的概括方式，小到一本书，大到个人理念，你可以随意在纸上圈一个圆，一句话概括这部狗血电视剧讲的主要内容，之后画出几个并列的分支，列出起承转合，之后用线条标明各自的关系，最后汇总发表你自己对这个电视剧的看法。由此可以推展为，这个电视剧的营销组合动作，以你个人的认知你是如何知道它，尝试用自己的认知来确定这个电视剧的推销手法，之后再总结整合营销里的先后顺序以及节奏，最后列出自己的观点。

概括和总结是很必要的事情，而且这种事情很简单，一般一张A4纸就能完成。

你可以列出今天的五项工作任务，之后分出这些工作任务所需的条件，目前进展的情况，接下来分成的步骤，以及总结自己今天可以完成几项，还有如何有机组合自己的工作顺序。

时间久一点，你也许会找出自己工作的规律，比如上午工作效率是否是高点？下班前的工作是如何？一周下来你大概就知道如何合理分配自己的工作时间和节奏，进而找到哪天可以休息，哪个时间点可以放松，哪个时间是打电话沟通的好时机，哪个时间可以安静写点东西。

总结是提升自我最必要的条件之一，当然，你要面临的就是，也许你的感性思维会越来越萎缩，但是你的逻辑和条理性会很好。

8.每个人都有秘密，所以不要问不合适的问题。

每个人都有各自的雷区，有一些私人的事情，除非对方主动提起，不然不要贸然发问，比如是不是结婚了？也许对方是离异。

职场不是朋友圈，一些在你看来无关痛痒的话题，也许是对方的雷区。

谈资就是谈资，没有原则，好回答的，或许是最安全的。

9.提高就是大量的练习和被否定之后还能活着。

所谓的学习就是给你更多犯错的机会。

学多了自然就会了。错多了，被骂多了，自然就长了记性。

至于被骂了，第二天还能坦然笑出来。

被训斥了，第二天还能毫无芥蒂地一如既往，这就是所谓的新人压力。

没有人欠你什么，别人不需要顺着你的意思，安抚你，鼓励你。没有人的成长是顺顺利利的，除了领导是你爹，其他人没这个义务要帮你擦屁股。如果领导已经帮你擦了，那你让他骂两句不是也应该吗?

10.忍耐领导的脾气，只听那些对你有用的话。

每个领导都有各自的短板，坐领导的位置承受的压力也一定会不一样，不要在他脸色不好的时候还去磨矶；即便是这样，当炮灰也是在所难免。

领导迁怒于你，那是他自己的问题，你在没有成长之前能做的也只有忍耐。

如果能包容你的领导，并且学到了他的所有，那么取代他的日子还远吗?

相反，受不了委屈，还没本事的人，你又怎么指望自己升职呢？

11.和领导做朋友，请在内心保持距离。

其实每个领导都很喜欢和下属亲近，以打造亲民的假象。

但是每个领导内心其实都很清楚地保留界限。

你可以和领导亲近，但是请在内心时刻记得他是你的上司。

你也可以选择和领导公事公办，但是请记住，没人喜欢不冷不热的人，你如果觉得自己能办事儿，那你会永远都只能留在那个能办事儿的位置上。

每个人都喜欢所谓的心腹和干将，所谓的亲信就是又得力又贴心的人，也只有这样的人才会得到重用以及推荐。

好朋友之间可以互相损，好朋友之间可以毫无顾忌，但是对于上下级来说，请暂且当他是你师长，你以尊重他的方式去亲近他，或许彼此都会更舒服一些。

12.适应你领导的做事风格，弥补他的不足才是你存在的意义。

每个人都会有各自的风格，每个人都会和自己风格相同的人亲近。

性子急的人喜欢反应迅速的人，强势的人喜欢第一时间去执行的人。

所以短时间内快速适应你领导的做事风格，是合拍的第一要素。

如果对方是一个急性子，你偏偏是一个慢性子，跟你要一份资料，隔了一天才给，那估计你留不下，而且会死得很惨。

配合领导的风格只是第一位，弥补他的不足才是一个下属存在的价值。

急躁的人很容易忽视细节，慢性子的人执行力一定不会强。你所能做的就是依据这些，帮性子急的领导把控细节，提醒慢性子的领导他的日程安排。

做不做是他们的事，但是领导一定会领你的人情。

做下属不能为领导分忧，那你就永远只能做一个下属。

13.给自己定一个大目标，这没什么不好。

一般入职一年左右就会到了该确定目标的时候，如果你的目标是你某个同事的位置，那么你就要知道，你和他还差了几级；如果你的目标是你领导位置，那你就要多总结，除了能力，你还差什么。

有目标是好事，毕竟比没有目标强。

能不能做到也许不那么重要，重要的是，知道自己始终在努力前进。

14.存在感很重要，自信也很重要。

没人能得到全部的人赏识。一定会有人喜欢你，有人讨厌你。

关键是让哪些人喜欢你！

同事喜欢你，只是团队融合，但是未必得到更多提高。

领导喜欢你，要看是怎样的喜欢，如果只是单纯的吸引，那还是尽早换工作得好。

要有成绩的表现，要让领导看到你的个人能力，这需要机会，也需要努力。

机会只要肯等，一定会有。

有了机会也许会有升迁、奖励，遭人嫉妒一定会在所难免。

顶得住这些，扩展你的圈层，淘汰那些只会嫉妒、嚼舌根以及矫情的各位亲们，其实那没什么不好。

如果你是天鹅，那么请不要留恋早年还在的丑小鸭的窝。更不要因为几只鸭子的酸酸的吐槽而怀疑自己今天的一切。

你的成长是自己努力换来的，向上走，势必要抛弃一部分人和群体。

因为“前进”是一个动词，你选择出发，就没必要再为那些留在原地的人而叹息。

向前走，走你该走的路。

每个人都喜欢和积极向上的人做朋友，那些害怕吃苦还羡慕你的人，他们可以和你继续做生活里的朋友，那些嫉妒你成长而背后黑你的人，你根本没必要在乎他们。

15.高效不等于慌乱，反应及时不等于报告过度。

在你本子的第一页空出来，随时记录新同事的名字，每天抽空温习，方便下次准确称呼对方。在你本子的最后一页记录重要的电话、联系人、工作流程、关系、系统密码等，方便随时查阅。

高效是反馈及时，不代表慌乱。稳，是一个人该有的一个必要素质，处变不惊其实不是考验你应对的办法，而只是考验你调整自己情绪的能力。

领导指定的任务，第一时间反馈自己接到指令，开始进行工作，之后要在重要节点报告工作进展，不要有事儿没事儿去烦领导，因为工作是派给你的，如果凡事都请示，要你干吗？

16.多做有准备的发言，不要信口开河。

也许有的同学会说，如果不汇报，那很多事情我做不了主啊！那怎么办？擅自做主一定会被批啊！

参加过培训的同学一定都知道买火车票的案例。

老板让你去买火车票，你去了，排了三个小时的队，售票员说没有，你回来报告说：老板，没有票。

这样的员工被骂死也活该。

派另外一个人又去，也花了三个小时，他回来也报告说，没票了，但是可以到某某站转车，是几点几分的，大概是多少钱，如果非要买这趟车，黄牛票大概是多少钱，而且他还可以托朋友拿到打折的机票，大概会比火车票贵多少钱。

后一种员工，如果你是领导你会不喜欢吗？

同样都是没买到票，为什么后一种人更招人爱？因为他思考了，而且他真的是站在为领导着想的角度，给出了好几种方案，同样的三小时工作时间，你就做了排队一件事，他做了多少事呢？

所以，你如果嫉妒谁会拍马屁，那先摸摸自己的胸口问问自己，如果你连马都不知道在哪里，你还拍得着马屁吗？

所以由此推展下去，你的发言，你的每一次表现一定是要经过思考之后才能说出口的东西，不要相信所谓的灵光乍现！那都是深思熟虑以及经验之后的结果。

最后，忍得住打击，谁都是从不会开始学起的。

新人失败是必然的，走弯路是难免的，有挫败感是经常的，成就感如果那么容易得到就不叫成就了。

人在职场，最大的本事不是你在台面上有多光彩，而是你摔下来，还能快速收拾一地的碎片，之后露出笑容对自己说：没事！再来！

宁可做了失败，也别不做后悔

当你面对未来无从选择的时候，别害怕失败，别让自己后悔，或许这是可以让自己做出选择的最佳参考。

当我写下这个有点“热血”的题目的时候，估计很多人一定会吐槽我说，川叔又要打鸡血了。这次真没有，这次我可能还要说黑暗一点的话题。

人活这一辈子，没想法和想法太多都是一件特悲哀的事儿。

就好像临近毕业，你无路可走，和路太多你不知道选哪个都一样是件悲哀的事。

我上大学那会儿一直都觉得，一切顺其自然呗，可越临近大学毕业我就越慌，也不知道从哪来的那么多的焦虑，我有时候自己晚上做梦，梦到自己三十多岁活得特庸俗平凡，然后自己把自己吓醒了。

那会儿可能就是过于矫情，套用小沈阳那句话，总觉得这日子就是眼睛一闭一睁一辈子过去了。觉得自己也就这样了，毕业后在三线城市混几年，到了三十人生基本就定型了，然后觉得，哎呀妈呀，人生就这样玩完了。

年轻的时候我们总爱想未来，所以时间单位在我们的意识里会特别短，我们很喜欢用：也不过就是个“三五年”这一类的说法。觉得“三五年”就像是转瞬之间的事情。

可你真的毕业之后去体会的时候，你才发现，别说三五年，哪怕是一年，你都会觉得像过了一个世纪那么长。

因此，现在有时候我特理解一些刚毕业一两年的人，他们写的那种焦虑、孤独、迷茫，甚至无望，觉得好像找不到人生的方向，觉得日子过得举步维艰，我每次看到这样的来信都能深深地理解，却对此做不了什么。

因为我觉得，所有的成熟都是一个孕育的过程，就好像种子的萌芽一样，不在土层下经历一段黑暗，根本不可能有破土而出的一天。

毕业就是一场煎熬，不论你能否挺得住，你都要这样一步一步地走过来。

而你走向社会的第一个课题就是：选择。

虽然我常常说，一次选择决定不了一个人的一辈子，就好像一次婚姻无法决定你的幸福一样。

不过道理人人都懂，真的去面对的时候，你还是觉得内心烦乱无从下手。

不论是接受家里人给的工作安排，还是去报考公务员或者是考研，不论是从事本专业，还是决定转行，这都是选择。

不论是选择在大城市打拼，还是选择回家，甚至可能三十多岁之后，你依旧要面临，你是在这家公司继续，还是跳槽去另外一个公司。

我是一个选择障碍患者，我其实非常讨厌给我自主权让我去决定，因为有选择就意味着有失去，有失去其实就意味着你可能会后悔。

因此每次我收到一些人给我的来信，让我帮他去选择他是应该考研还是应该工作的时候，我都会写：这是你自己的事情，你要自己来选。

毕业的第一堂选择课，是我们面对成熟的开始。

不管你过去是有想法也好，没想法也罢，这都是生活在逼迫你，要你学会开始对自己做决定。这是一个特别难得的机会，所以你不应该放弃。

我大三那一年尤其是后半年几乎都在焦虑中度过，关于选择和未来这件事，我一直到大四上半年才想明白，也调整好了心态。

不就是对自己的人生负责吗？

我知道我不是不敢选，我是怕。怕什么？怕后悔。

但是既然人生没有什么后悔药，那怕也没用不是吗？

我要做的第一个选择就是：我要不要毕业就转行。

我知道这话题有点可笑，我不知道有多少人当初读大学的时候，你们的专业是你们自己选的。

川叔学的是艺术设计，这条路是我自己选的没错，但当时之所以选择学美术，只是因为我喜欢画漫画。其实我对设计不感兴趣，我觉得我大学四年专业课水平就是马马虎虎，最关键的是我并没有对自己的每个作品都有很大的成就感。

那问题就来了，你学了四年，然后你一毕业就说：对不起我选错了，我现在可以换个别的爱好吗？这有点扯淡，估计我老爸老妈听到我这么说，能第一时间用笤帚疙瘩把我敲死，因为他们一定觉得这孩子脑袋里面进水了。

随着我的长大，父母老了，我和他们的人生距离会越拉越远。

他们的人生经验再也无法指导我。

以前我总觉得他们在用他们的人生去复制和要求我，可一旦真的有一天我逃出了他们的掌控之后，我的第一感觉是自由，随之而来的就是害怕。

我第一次觉得，没人去商量是一件很让人难受的事。

我不知道每一个看似靠谱的大叔背后是不是都有一段曾经不靠谱的人生，至少川叔我自己少年时代是非常不靠谱的。

我用了差不多一年的时间去思考，大学毕业的时候我是要由着自己的性子爱好去找一份和漫画有关的事儿，还是选择本专业不辜负这四年。

我最后选的是，先从本专业做起，不论成与不成都算是给自己一个交代。

有些事儿，你只有去做了，你才能知道自己适合不适合。

我的第一份工作是去福建的一个学校做专业课老师。

可能当年脑子比较笨，还没有那么多的想法，也没有面试经验，就是靠网上发简历，发了毕业作品，对方说不错，我就屁颠屁颠地跑过去了。从东北到福建，坐了三天三夜的硬座火车。

我当时居然都没考虑过面试不通过这回事，你相信吗？

可能真的是初生牛犊不怕虎，我懵懵懂懂地过了初试、复试，试讲都通过了，可等到签合同的时候才发现那份“卖身契”有多苛刻。那时候年轻，脾气特别暴，完全受不了一点委屈，觉得这就是霸王条款，完全没考虑很多时候都是卖方市场主导，刚毕业的孩子没有太多还价的余地。

兴冲冲地决定不签约，紧接着面临的问题就是找下一个工作，之后就是辗转了三个当地的城市开始追着人才招聘会的尾巴跑，带去的钱越花越少，住的旅馆越来越差，被打击的信心越来越不坚强。我第一次体会到，原来受挫是这样。

在我快要放弃希望准备夹着尾巴灰溜溜地逃回北方的时候，因为陪着当时同房间的室友去面试，而意外地得到了一个推荐的机会，虽然也是服装公司，但做的并不是自己向往的设计类工作。

人生的第一份工作都会和想象中的有偏差，但是如果你做的并不是你想做的事情，你的忍耐度会非常有限。枯燥的日子，独特的南方假期制度——一个月休息两天，都让我有了一种水土不服的感觉，我第一次觉得我不知道自己为什么在这里坚持，而且还是为了一份自己不喜欢的工作。

一旦有了这个想法，我就坐不住了。

于是我开始偷偷地投简历，寻找下一个合适的机会，我期望可以做设计类的工作，这样哪怕发现我不行，至少都觉得是对得起自己了。

让人啼笑皆非的是，这时一家北方的服装企业给我打了电话，那是我在去南方前参加的一个招聘会，当时总经理对我的印象很深，只不过因为当时他们并没有考虑要男设计师，后来随着业务板块的扩张，老板决定增加一名男设计师，总经理就第一个想到了我。

那通电话似乎为我那时候难挨的日子开了一个光明的窗口，我急急忙忙地辞职回了北方。在回来的路上我曾经问自己，经历过这几个月的面试、上班、折腾的日子，我明确了只做设计的想法，那么回去之后面临的问题无论有多巨大，都要忍住，坚持住。

我既然选了这条路，就要坚持走下去，至少我要真的学到点什么再走，这样才算对得起自己。

“真的学到点什么再走”这几个字成了以后的七年里，我每次换工作前最容易自己对自己说的话。也正是因为这句话，我在回北方后，在那个家族企业里面对强大的工作压力，纷乱的办公室斗争，种种的不公正待遇，以及内心里巨大的挫败感都一一忍了下来。

忍到我学会了在设计和市场中间折中，忍到了自己可以独立带一条流水线，自己设计的作品拍成了产品图册，然后才毫不后悔地彻底对自己说：你看，你想做的你都做到了，现在你是要坚持，还是选择别的？

那一年春节之后，我选择了北上，从我最喜欢的漫画开始起步，正式开始了十年的北漂生涯。

人生那么长，每个人都一定有很多自己想干的事，有时候不是我们不敢去想，而是我们苦于自己没有机会，而一旦有了机会我们又害怕放弃。

少年时代我最旺盛的是对这个世界的好奇。

我不知道有多少人和我一样，那时候的我对什么都感兴趣，对很多工作都希望了解。

此后的七年，我换了六份工作，跨越了三个行业，对待每一份工作都带着我浓厚的好奇，面对每一个新领域，我都对自己说，要真的学到点东西再走。

三十岁之前努力犯错，拼命尝试，三十岁之后开始靠岸，学着靠谱。

有些事年轻的时候不做，就真的没有机会再去做了。

我从不怕失败和跌倒了重新再来，我只怕把一些期望一直埋在心里，最后变成了内心时常叨唠的痛。

人生宁可做了失败，也别不做后悔，年轻的时候我一直用这句话鼓励自己。因此我每次跨入一个新的领域，我才有了足够的勇气去面对。

我是一个忍耐力和适应力超强的人，因为我选了，我的目标就是活下去，学到东西，有收获。这种简单粗暴的人生信条成了那个阶段我的生存法则，或许我的人生经验并不适合你，因为每个人都有自己的属性，就好像每个人都有专属于自己的指纹一样。但我相信，当你面对未来无从选择的时候，别害怕失败，别让自己后悔，或许这是可以让自己做出选择的最佳参考。

理想撞进现实，“三观”碎了一地

我们就好像一个还没准备好长大的孩子，在被急速推入这个成人世界之后，不得不以最快的速度去模仿成人世界的礼仪方式，用这些来伪装自己还没能成熟的部分。

我们陷入了这个快速运转的世界里，被它独有的标准去衡量，之后丧失了原本世界观的判别方式，似乎不抓点什么当作自己的附属标签，就不足以证明自己成功一样。

我曾经被大学同学认为是特别寡情的人，只是因为毕业之后我很少参加同学聚会。

聚会这种东西多可怕啊！

前五分钟一定是相互问好，十分钟之后是忆当年，吃吃喝喝之后就开始说近况，尤其是男生喝完酒之后，不是比着吹牛，就是负面情绪大开，狂骂现在的上司。

所谓“没吃过猪肉一定见识过猪跑”，好多这样的场合，我每次看到都觉得很无语。

好在我大学学的是设计专业，本来就是小班教学，一个班最多也就二十个人。我们当时的班十三个人，十个都是女生。

很多女生毕业之后不是随夫奔波，就是失联很久。

我们那一届的艺术生算上不同专业的一百人上下，有时候大家上文化课会遇到一些人，有一些人算是点头之交，还有一些在社团活动中有过来往，但是这样的人因为毕业大家从事的行业不同，加上我毕业不久后又转行了，所以也几乎没有联系。

学艺术的人本来性格就比较奇怪，应酬和人情世故本来就会稍差一些，加上我自己本身就很晚熟，毕业很久还带有一种活在自己世界里的文艺气息。我来到北京之后，把工作稳定了，才和一位好友取得了联系，不想这位大姐真的是非常热心肠，时不时就在家里办酒局，招呼那些同届但是不同专业的朋友来吃吃喝喝。这种和不太熟的人在一种貌似很热络的气氛里吃饭是非常别扭的，尤其是因为有些人做的还是同一类工作，所以酒桌上就难免彼此称兄道弟拉拉关系，希望以后有好的设计工作彼此照应，这让已经转行的我更是尴尬。

后来这样的酒局我就不参加了，和好友说明了情况，她甩给了我一句："你啊！就是矫情，不知道这叫多'条'朋友多条路吗？"我就笑嘻嘻地说，朋友是不能用"条"来形容的，汪汪叫的那种才能用"条"来形容。

其实我是很怕今日大家一起吃肉，他日为财大家抢得头破血流，自古同行是冤家，同学也很难例外。

不过拜这位大姐没事儿总打电话和我汇报其他人的近况所赐，我大概知道谁和谁打算开公司赔了钱，谁去谁的婚礼非常小气，随份子随了两百元，这些鸡毛蒜皮的小事儿算是成了她给我打电话时候不咸不淡的谈资。

我毕业三年后参加的第一次聚会就是她的婚礼。

她的好人缘换来的是看着满当当的一屋子人，她老公我们之前在她家吃饭时见过，很斯文的一个人，但是同事都无比疯狂，各种口哨尖叫喝彩地出难题，基本上三俗的游戏玩了一个遍。

我被她很贴心地安排到了"同学桌"，大部分人都见过，也有印象。每个人彼此的开场客套方式都是："最近怎么样啊？"

新郎新娘在玩游戏的时候，饭桌上已经有人在偷偷交流这次要给多少份子钱的事儿了。新郎新娘敬酒之后，一桌人就没话讲了。我们很多人都是她的朋友，但是不代表我们之间一定是朋友。

有的人开始端起酒杯敬酒，带着社会上常有的那种客套生疏的外交辞令，希望借由酒精的催化能让气氛热络点。女生开始聚在一起聊天，聊找没找男朋友，是不是打算结婚、买房子，男生几个比较熟一点的凑在一起聊目前开多少钱，未来的打算。

偶尔他们为了照顾到我，也会问问我现在干什么工作，每个月开多少工资，在我回答完现在做图书出版，一个月开的钱不到三千之后，基本就没有下文了。

我觉得我开始有些坐不住了，希望这个聚会越早散场越好，那些喜宴的汤汤水水，似乎被这气氛感染了一样冷得特别快。我其实更想赶快回家，吃上一碗舒舒服服的鸡蛋面，应该会比这些更美味和踏实。

渐渐地人们讨论的声音开始大了起来，几个喝多了酒的人说话开始不着边际，都是上百万的项目开始运作的节奏了，旁边几个聚在一起说悄悄话的女孩子不知道为什么笑点忽然降低了，好像每一句都是一个笑话一样，频频爆发出高频率的笑声。

然后有人开始又站起来敬酒，之后听到有人喊我的名字，也让我敬那位一杯酒，对方喷着酒气说：“你一定要和他干一个，他可是目前我们这里面第一个买房子、工资赚最多、最有出息的人，来来来，你们走一个。”

我把拿起的酒杯端起又放下，因为我实在找不到什么词可以去恭喜和祝贺。他赚多少钱那是他的本事，这和我有什么关系呢？我自己赚钱养活自己，也没觉得自己没出息啊！所以我实在找不到什么可以去和他碰杯的借口和理由。

最后我还是端起杯说了一句：“恭喜恭喜啊！”这话说得好像今天结婚的是他一样……

那杯酒喝完，我就借口抽身，几乎是落荒而逃。

我把好友叫到门口，塞给了她六百块钱，告诉她说这是我今天的贺礼。我说：“刚刚看几个同学都在询问应该随多少份子钱，我实在不好意思太高调，所以现在单独给你！你还记得当年你说谁很小气，不论多好的朋友随礼都只随两百块。我当时和你说，以后你结婚，我一定随六百，而且是从进门就大声喊，让大家都听到，用金钱证明咱俩是好朋友，这事儿我今天可是办完了。”

好友迷迷糊糊地看着我说：“有这事儿？我怎么不记得了？”

我也懒得再和她争辩，就把钱塞在她手里，之后打车走了。

那天的聚会对我当时的世界观来说是一个毁灭性的打击，因为我原本以为很多人或许会和我一样，还在理想和现实当中徘徊，却不承想看到的都是活生生的现实。大学时代里的那些灵感和想法，最后都泯灭在酒桌的推杯换盏当中。

我们就好像一个还没准备好长大的孩子，在被急速推入这个成人世界之后，不得不以最快的速度去模仿成人世界的礼仪方式，用这些来伪装自己还没能成熟的部分。

我们陷入了这个快速运转的世界里，被它独有的标准去衡量，之后丧失了原本世界观的判断方式，似乎不抓点什么当作自己的附属标签，就不足以证明自己成功一样。

房子、高薪的收入，这些原本以为离自己很远的事情，忽然在今天变成了衡量你的尺子。

这种比较带来的难受，就好像小时候你听到自己的父母和别人的父母在比较谁的孩子更优秀一样，就好像每次家长总爱提到的那个学习好、工作优的“别人家的孩子”一样。

为什么老拿我去和别人比呢？我又不是他，有什么好比的呢？

那是我第一次开始直面自己的处境，第一次问自己，这样的日子你还希望过多久？

尽管我自己不乐于承认，但是我清楚地意识到：我们都变了，我们都在长大。

就像那句自始至终我都没办法喊出的“用六百元来证明我们关系最好”一样。

在我还在做“自己喜欢的事儿”的时候，很多人已经开始尝试去做一个“别人喜欢的自己”。和他们比起来，我几乎是活得又自我又任性。

这件事成为了后来催生我定下“三十岁之前努力尝试，三十岁之后慢慢靠谱”的理由，也因为有这件事，后来遇到人生分水岭的时候，我才能更理智客观地思考，最终选择放弃了编辑工作，放弃了出版圈，而选择坚持留在地产领域。

面对现实是一件很残忍的事，而可以直面残忍，这才是长大的开始。

我常常听到很多人喜欢毕业之后的聚会，似乎那是和同学唯一的联系和纽带，有时候你对它的依赖就好像断奶之后咬在嘴里的那个奶嘴，那只不过是一个习惯。

当然，或许也有我这种，在毕业两三年之后，在毕业聚会上饱受刺激的人，明明是同一个起点出发，却因为能力际遇的问题有了天差地别的区分。这种强烈的对比感几乎是一些内心不乐意长大的人难以接受的，尤其是看到那些早年资质不如你的人，因为提前找到了自己的定位而获得的成功，内心的酸楚和妒忌着实是折磨人的。

那种愤愤不平多数都是因为自己本身的做不到。

毕业之后的聚会，原本是老同学的重逢，却很容易在客套和攀比之间走了样。

我觉得真的好友不会等到毕业聚会那天才见面，而很多时候为了照顾所谓的全班聚会的形式，一定会把那些半生不熟或者压根看不顺眼的人凑在一起，这样客套和攀比也就在所难免。

其实人生没有可比性，这个道理我们都懂得。

有的人在二十岁就买房买车，或许你要到四十岁才能交得起首付，入住新家。人生的得到和获取其实不过是一个早晚的问题，那些你少年时代认为很了不起的东西，随着时间的推移最终你也会得到，而得到之后的空虚才是最无趣的。

我们的人生一定会有一个阶段在疯狂追求物质，尤其是在我们还没有得到的时候，那时候的同学就很像你身边的镜子，他们映射出来的或许是许许多多的你，也许你当年坚持留在这里就会像今天这样，也许你当年早一点跟着他一起干，今天也会和他一样……

这许许多多的假想和可能或许会打乱我们人生的步调，也许还会带给你一场你认为的风暴。可当这些超过了某个时间界限，或者是你人生的阅历到达了某个层面的时候，你会发现，其实自己原本追求的那些并没有什么，你不过是选择了在某个阶段加速、某个阶段放缓罢了。也许那些加速和放缓你并不自知，不过生活是最好的调节师。

你或许开始一直都在放缓，到了某个阶段它一定会逼着你急速生长。

你或许一开始都在拼命争取，到了某个阶段，它一定会警示你放慢。

这才是生活里的妙处。

当我毕业十年之后，和班上的四位同学聚在一起吃饭的时候，那一刻才能发现，原来过了十年，其实大家得到和失去的，都差不多。这个时候你会第一次有了一种看淡身份、收入，甚至许多外在符号的感觉，老同学今天还能坐在一起吃饭聊天，这才是一份真难得。

新人要出头，职场“甄嬛传”

华妃和皇后用的是打压，但是最后都被推翻了；甄嬛用的是收服，而且很明白揣测不同人的不同目的，满足了各自的目的，其实就是满足了自己的目的。

假期去成都每天都起床很晚，闲来无事就翻看电视台播的几个“经典片”，比起往年的《新白娘子传奇》、《西游记》、《还珠格格》、《亮剑》，今年居然又增加了一部《甄嬛传》。

同去的好友“呆呆”说：真不知道她们斗来斗去有什么意思？

我说，中国人喜欢玩这个所谓的智慧哲学，最后往往是机关算尽，不是算计人就会被人算计。

有人说《甄嬛传》是职场的翻版。

我觉得那是大家高看了电视剧，小看了职场。

混职场和在后宫不一样，因为打工的就是拿钱工作，保你平安。

但是后宫给人的感觉，你没事都能祸从天降，不吓死你也能整死你。

故事刚好看到甄嬛再次回宫，祺嫔对她各种得瑟的一幕。

呆呆看到这就说："这要是我估计早就扇她两个耳光了。"

我说："这就是差距啊！所以你成不了甄嬛。祺嫔人家是要自己立军威，你这时候过去抽她，估计就和打人打脸是一样的，搞不好都两败俱伤。甄嬛忍了她能忍的，之后一并还回去，还指不定够祺嫔喝几壶的呢！"

果不其然，之后甄嬛略施小计就让祺嫔喝了一壶半生的薏米水，之后又一句话不说地让皇上目睹了祺嫔大骂下人的现场，外带怂恿早就对祺嫔有意见的妃子进谏，以及自动贡献了一位她早年的下人来做苦肉计的证人，最牛的是从头到尾她都一句话没说，祺嫔就这样成为了众矢之的。

不论在职场还是后宫，忍，是必要的。

还击也要讲策略。

我们部门来了一位新同事，做事特张扬，生怕别人不知道她的本事。

今年做年会刚好和她一起搭档，她就处处站出来做决定，俨然以负责人自居了。作为一个前辈被一个后辈抢白或许会略有尴尬。

但是转念想，新人要出头，必然要做出我就是比你们老一辈强的姿态。

这种小公鸡一样的架势，我当年不是也做过吗？

每个新人，只要想出头，都肯定要争取机会，要发光。

这个时候你要阻止她，估计只会遭人恨。

她要出头你就让她出好了，有干劲是好事。

如果你总把持，那她发现自己的表现不是被你打压，就是被你领功，心气儿高的估计就会辞职了，即便留下来估计也会一蹶不振，那最后影响的还是工作效果。

我问呆呆："如果你遇到你的下属或者新来的同事如此得瑟你会怎么办？"

呆呆说："当然是找机会让她见识见识老娘的厉害啊！"

我就笑说："那这个梁子不就真的结下了？万一她真的有能力，一旦根基稳固，日后肯定会报复。"

呆呆说："那换你怎么办？就让她抢你的风头？我可忍不了。"

我笑说："其实我也忍不了。"

最后做年会的项目，我就索性放开了让她去弄，第一时间满足她希望做成所带来的满足感，当然这期间一定也会有辛苦和劳累，但是我想那是她自找的，要出头就总要对执行和结果负责吧。

我单独分了一个版块自己负责，其中的一个环节是主持串场，刚好我们要一起合作。

我就专门给自己留了一个单独开场的环节，其实我当时也特紧张，那么长的一段开场白我要全程脱稿，但是没办法我必须这么做。

我问呆呆："你知道为什么我要这么做吗？"

呆呆说："因为你要显摆你比她强啊！"

我说："我和她显摆没用，她又不给我开钱。"

我要展示给老板看，新人有新人的实力，老人有老人的资本。

当然也要给她做个样子，如果她的目的就是想接我的班，或者就是奔着日后抢我的位子来的，如果她能做到我做到的，那么我把位置让给她都没关系。

打压别人只能得到口服，得不到心服。

之后的搭配环节我又帮她补过几次台，她有一些结巴以及临场发挥失误的地方，我都圆满地打了圆场。结束后在后台卸妆，她忽然丢了一句："今天要特别谢谢你啊！"

我笑说："谢什么谢啊！大方向上都是你在做，我就是见缝插针、锦上添花罢了。"

每个人在职场都喜欢升职加薪，而升职加薪之后带来的一定是对位置的恐慌，老资格老做派的态度是，每个新人的出现对老人都是威胁。华妃和皇后用的是打压，但是最后都被推翻了；甄嬛用的是收服，而且很明白揣测不同人的不同目的，满足了各自的目的，其实就是满足了自己的目的。

就像那句话说的，“容不容得下是娘娘的气度，能不能让娘娘容下是嫔妾的本事。”

新人要出头，别怕。每个人都是这么出头过来的。

有本事的就收服，没本事的就认怂，反正她得瑟她的，只是获得成就感，位置还是你的，至少短时间内都是。

只有蠢人才去打压，用打压来显摆自己位置的高低。如果那样做就充分说明，这样的领导真的是既没本事，也没智慧，被新人推翻只是迟早的事儿而已。

那些年我见过的离职

如果一个人被辞退之前还没有预感到自己要被开除，只能说他未免太神经大条。如果被辞退之后你还不知道为什么自己失去了这个工作机会，那基本上可以证明你是一个不爱动脑思考和总结自己的人。如果因此还情绪失控，以为做点发泄和抱怨可以解心中的怒气的话，那你真的是智商、情商都有问题。

都说天下没有不散的筵席，什么东西都有到期的一天，缘分如此，工作也不例外。

前几年一度频繁换工作，所以似乎有点看淡了离别。因此关于离职这个问题也没想过那么多，因为都是我主动提出的。三十岁左右开始稳定下来，才看到人来人往，每个人真的是各有不同。

我第一次见到的离职是在广告公司的时候，当年遭遇金融危机，公司面临大裁员，我原本的女上司被开除。开除之前其实她早就有预感，所以后半个月她都没怎么好好上过班。后来人力资源总监找她谈话，她从办公室出来之后脸上带着一点不屑和怨愤，一屁股坐在我对面开始说公司的坏话，数落从公司老板到总监每一个人的缺点。

我虽然不知道人力资源总监和她说了什么，但是能知道，她只是情绪上的一种发泄。我印象最深的一句话就是她恨恨地说："当初以为我有用把我拉过来，现在觉得我没用就把我一脚踢开，亏我和他还是朋友！"

这个"他"说的就是我们老板。

这句话我记了很久，我觉得商人自古多是重利轻离别，你有价值的时候拉你过来，给你高的薪水，你没有价值，肯定会把你剔掉。毕竟企业不是福利院。至于你说为什么你没有拿到所谓的高薪，那是你自己的问题，你没能评估自己的价值，你以为看在朋友的面子上优惠打折，那你是错判了朋友二字。我觉得朋友情分是朋友之间的事儿，一旦变成上下级关系，势必需要彼此衡量博弈一番。我不能因为和你是朋友，所以就降低自己的价值；我会因为我们是朋友，更卖力地为你工作。

不久之后我被调入公关部，工作不到半年，其中一位在公司任职七年的老员工被开除。据说他七年里换过很多部门，但是在每个部门都不长久，我记得当年他差不多就是我现在这个年纪，三十五六岁，有家庭，没孩子。

他走的时候给大家群发了一条短信，是一首短诗，内容不记得了，大概的意思是七载相濡以沫，今昔一朝分别，希望他日还有机会再见，里面的苍凉溢于言表。

有一部分老员工看到后很唏嘘，觉得老板真狠心。

有一部分人看到没感觉，只是偷偷私下里猜测他会得到多少赔偿金。

我记得有一次我加班，和我们的设计师聊起了他，设计师也算是个老员工，提起他的时候感慨颇多。他说，那位老员工老板真的给了他很多机会，可是他学习能力太差，或许是年纪的关系，他对新事物的接受程度特别慢。他的妻子非常反感他加班，但广告公关行业加班是在所难免的事，每次大家熬夜开策划会，超过十二点他老婆就五分钟三个电话地催……

他自己没有擅长的专业，唯一的长处是听话，老板每次调他去新部门，他都不吭声地接受，但是每次不但没有成绩还容易搞砸。

他做客户经理得罪过客户，做现场执行出过纰漏，做策划提报没有创意，最后做个助理还丢三落四，很多时候他觉得自己没功劳至少有苦劳，但是对一件事情来说，没有功劳就等于什么都没有。

设计师说，那位老员工唯一的好处就是，他真的把这里当家，很忠心，也没有抱怨，或者可能是把抱怨深深埋在心里。但这种鸡肋似的员工其实老板也很难做抉择，所以这七年每次都是类似念旧情地照顾他，现在公司出现了经营问题，要开人，难免会从他身上下第一刀。

我从那个时候记住了“鸡肋员工”这个词，我总拿这个词来反思自己，千万不要成为一个部门或者一个公司的鸡肋，对自己、对公司都没什么好处。

不论老板多有人情味儿，最后我们都不可能靠人情和怜悯留在一个公司里，至少那样我会自己看不起自己，而且会活得诚惶诚恐。

如果说以上两次离职算是和风细雨的话，那么在我来到这家公司之后，第一次让我感到惊讶的离职其实是一位企业文化专员，坦白说或许我对职位都有一种既定概念。比如我觉得人力资源岗位的人都应该很专业，至少在办公区很大声地讨论薪酬待遇那就代表他职业素养有待加强；如果一个打理企业文化的人没有热情和存在感，不能短时间和大家混熟搞好关系，那我觉得至少他已经失败了一半。

那位企业文化专员不亲民，而且存在感极弱，入职三个多月很多人不认识她，她也不认识很多人；半年后好多人都不知道她到底是干啥的。后来她被辞退了，她先是跑到集团网站去留言，历数集团部门多么不专业，之后在微博又大倒苦水，然后圈了集团董事长和几位高层。这件事后来并没什么反响和下文，让我惊讶的是人被拒绝之后体现在人性里的黑暗和恶意，每每想到这些我都不寒而栗。

我最近见识到的离职是一位公司的同事，来了也算有一段时间，最近因为人事变动被公司辞退。她当时就情绪大崩溃，先是写了一封长信通过公司内网发给了全公司的每个人，里面的内容似乎是泄愤一样描述了自己在公司的三年里，自己如何努力，如何忍耐这个垃圾的公司，如何面对不公正的待遇，又如何被公司无情地抛弃，公司是多么卑鄙无耻地找人代替她，等等。写完这些还不算完，隔天又去网上发表了一个长微博，声泪俱下地控诉她的直属上司是个多么愚蠢、多么做作的蠢货，甚至还选取了她记得的细节做了一个大盘点，力图佐证自己的观点。

我看到这些真的是哭笑不得，这又让我想起早年那个企业文化专员。我原本以为情绪失控这种事是因为年纪小不懂事，现在看来或许这和年纪没关系。

职场里的来来往往本来就很平常，所谓时刻保持职场敏锐度其实说的就是你要知道你的直属领导对岗位的要求是什么，你是不是符合，他对你是不是满意。

很多人做下属根本不管这些，觉得我在这里做一天工作，你就给我开一天的薪水。有的人甚至和领导对着干，这种人不知道从哪里来的自信，会觉得自己是不可代替的，觉得领导没本事没勇气开除自己。

其实不论你的岗位有多重要，一个企业里除了董事长之外，其他所有人都是可以被替代的，即便你做的工作很不错，完成得很出色，但你可能要面临部门扩大，新人才引进，你或许会被学历更高、性价比更高的人代替。更别说你以为你仗着自己有一些皮毛本事，以为这就是顶撞上级的资本。

工作成绩固然重要，但人品更重要。

谁都乐意和自己合得来的人合作。

对领导来说，只有你配合领导，你不可能希望他来配合你。

中国有句古话叫作“好聚好散”，但是现实生活里从离职到离婚，很少有人能做到好聚好散，有埋怨不早沟通，事后被炒鱿鱼的时候一朝爆发。这其实不是出口恶气而是心胸狭隘的秋后算账，尤其是类似我同事离职后说的一句话：“反正我是终于脱离苦海了，各位兄弟姐妹你们自己看着办。”这话真的是十分幼稚可笑，且不说不会有人因为你的描述而真的去辞职，这种幸灾乐祸的口味会让大家第一时间感觉你这人的人品真的不怎么样，因为你前一秒还属于这里，后一秒你离开就翻脸不认人，这和端起碗吃饭，放下碗骂娘基本上没什么区别。

如果一个人被辞退之前还没有预感到自己要被开除，只能说他未免太神经大条。如果被辞退之后你还不知道为什么自己失去了这个工作机会，那基本上可以证明你是一个不爱动脑思考和总结自己的人。如果因此还情绪失控，以为做点发泄和抱怨可以解心中的怒气的话，那你真的是智商、情商都有问题。

川叔每次看到有人在离婚之后还情绪崩溃地怒骂对方就觉得很不值，因为这除了证明你还没放下之外真的证明不了什么。一个人不爱你，那他就是陌生人，他发现不了你的价值，看不到你的好，那是他的损失，最好的分别是遗忘，而不是一直放在心头自己折磨自己，这样有意思吗？

离职之后翻脸不认人，大放厥词甚至不顾形象地大闹，除了让人觉得开除你是对的之外，并不会产生更多的影响。可能有些人觉得不公平，甚至有一些是因为办公室斗争而出局的，那么其实也侧面证明了你不适合这里，走了反而是好事，如果你是因为自身能力的问题被辞退的，你不好好总结自己的问题，一味发火泄愤有意义吗？

我记得某部电影里有句特文艺的台词叫作“世间所有的相遇，都是久别重逢”。如果相遇是冥冥中的再聚首的话，那么活在当下，平淡分离也许最好，因为保不齐过一阶段大家还会重逢。

闹到这么难看，真不知道下一次再相遇，会不会觉得尴尬和好笑。

当然能自我总结和情商很高的人基本不会到最后把自己放在一个很可笑的位置，而那些多数能让自己处于激动可笑位置的人。其实或许也正是因为这样，所以他们才走到了今天的这个地步。

想加薪？你凭什么？

加薪对我来说就是一场谈判，这场没有硝烟的对决里，首先要稳的是情绪，其次拼的是逻辑，但是最根本的还是价值。如何把你的价值和对方认定的价值相统一，换位思考是非常必要的，这些是我直至现在都在摸索和总结的。

从去年年底开始到昨天为止，这场略带惊险又困难重重的加薪戏码终于算是暂告了一个段落，如果从开始有这个念头的时候算起，那么这场“加薪”战役我前后已经筹划了半年了。

每个在职场工作的人都不可避免地会想到要“升职加薪”，这是无可厚非的事情，谁不想多赚钱？但有时候你的得到和付出是成正比的，所以“加薪”很多时候都和“升职”画上等号。

薪水带给我们的意义，我想不用我多说，每个人也都非常清楚。月薪五千块和月薪一万块的差距或许代表了更优厚富足的生活，更好的居住环境，可以能够强调生活品质。月薪一万块和月薪三万块的差距则很有可能会变成更多的会议，更多的应酬，更大的工作压力，以及更多的成就感。

一个人的价值并不能用薪水完全衡量，但是坦白说，薪水可以在某一方面平衡掉你因为付出和回报不对等的那份心情。那么，问题就自然来了：什么样的人才有可能加薪呢？你要如何提加薪呢？

对于一个已经工作了十年的人来说，或许我现在的人生阶段和你不同，或许我的做法也并不能完全地适合你，每个人都是一个个案，每一种情况都一定会有各自的不同，每个人的人生都不可能一样，我只是希望和你分享我的过程，你可以从中截取你觉得对你有用的部分。但是至少有一点任何时候我们都是相同的，那就是认识自己和总结过去。

人生里最难的是认识自己，总容易忽视的是总结过去。

自己的优缺点，职业定位，擅长的领域，很多时候这些认知都需要靠你不断去梳理自己的过去，再加上自我激励，最后才能做到认清未来的方向。这就好像做你工资的规划一样。很多人没有规划是因为自己不知道要干吗，没有目标就没有动力；而没有目标只是因为没好好看清楚自己的现在，没有认真地总结过去而已。

总结是一件极其麻烦的事情，我记得我开始记账是在五年前，那是被我的室友小伍强迫养成的。五年前我月薪五千，还是税前，所以扣除了保险个税拿到手之后四千出头，再去掉房租、吃饭、打车，典型的月光一族。如果刚好遇到某个自己喜欢的东西面市，刷了信用卡入手的话，那就会立刻陷入寅吃卯粮，月月还款的尴尬境地。

小伍开始强迫我记账，是因为他发现我花钱没有任何预算，也没有任何概念。他常常挂在嘴边的一句话就是："你一个月拿四千多的工资，然后你敢刷卡买一个一万多的笔记本？你凭什么？"我那时候的消费观念很随性，觉得我需要就买了，没钱就刷卡分期呗！这有什么，反正大家不都这么做的吗？

那时候小伍是一家知名服装品牌公司的中层领导，薪水甩我好几条街，我们的合租其实更像是他在收留我，甚至连房租的价格都是在他问过了我的工资之后帮我定的，所以当他发现我有这种没头脑花钱的臭毛病，他会第一时间给我指出来。

当然他和我说什么理财规划、收支比例的事情，那时我极其反感，因为我觉得理财是有钱人做的事情，我赚这点钱可以说是“和尚头顶的虱子——明摆着的”，还用得着理吗？所以每次他和我讲大道理我都懒得听，这多少激起了他性格里的强势因子，他把自己用的记账表格发给我，让我每天回家按类项填写，每周差不多都要抽查一次，弄得和老师检查作业一样。

现在想想，人生里如果可以结交到几个性格强势又走在你前面的朋友，这真的是莫大的幸运。如果当年不是小天那么强势把我往面试的“火坑”里推，不是他手把手教我要如何回答面试里的那些提问，我或许不可能走到今天的位置；如果不是小伍一直实行高压政策地去修正我的各种坏毛病，我也不可能今天有机会在这里写下我微薄的经验去和你分享。

总结的结果相信你也会猜得到，在如今理财图书这么泛滥，甚至都有专门的理财专栏作家的时代，理财早已不是一个新鲜的概念，但是理财的意识并不知道有多少人真的能够融会贯通。

我第一次发现原来我认为无钱可攒的局面，其实里面夹杂了我工作压力大而每天消费的各种零食，自认为加班太累不想委屈自己挤公交的打车费用。当这些汇总起来之后你才发现，原来是一笔庞大的开支，除了生活必须成本之外，一项巨大的开支就是“心情成本”。

当你能够很客观地总结过去，你就可以更理性地把握现在以及决定未来。理财，不过就是理性地减少或者杜绝你的“心情开支”；加薪，不过就是理性地总结你目前的位置和价值，然后对自己说：“我有加薪的理由吗？”

加薪必须有理由，而且要有方法。

加薪的理由不是说你加班了多少天，你完成了多少任务，完成任务是你工作的必须项而不是加分项。如果你只是做好了本职工作，那其实你是没有理由提加薪的。因为你完成了你该完成的，我付了你应得的薪水，不要把自己的情绪掺杂进来，觉得自己工作多辛苦，杂事非常多，完成得多么不容易，没人会可怜你，也没人会关注过程，大家都只要结果。

我是一个典型的保守派，这或许是很多二十世纪七十年代人的通病。我喜欢有理有据，甚至有点一板一眼地去给自己做争取。当然我也喜欢先付出，然后再得到，这点或许和很多80后或者90后不太一样，所以我才说，也许我的经验并不适合你。

两年前我被调回集团，这不是高升，而只是因为分公司解散，老孙（前文提到的孙总）顶不住压力率先辞职，我们一行十人被集团“收编”。一周内辞职了五个，半年后仅剩下两个。

我没调动之前薪水是9800元，调回集团薪水反而变成了9600元，理由是工资档位不一样。我至今都记得人事经理带着一脸苦大仇深的表情严肃地和我说：“你要看清楚形式，你现在不是走马上任，我没有理由把你的工资向上一个等级去申请，所以只能向下看齐。”

接受不了这种状况的人就只能自己辞职，能留下的人不代表能接受，但是也必须忍受，因为事实就是这样。

我从部门经理变成了主管，虽然名义上还是经理的名称，但是我知道集团本身有一个经理，一个部门怎么可能有两个负责人呢？我被人事经理的一番话刺激了，准备带着情绪找新的领导大闹一番，却在走到门口的时候冷静了下来。

集团不是分公司，办公室关系单纯，人员构成简单，作为一个超过两百人同时办公的集团企业，就很像以前的大内皇宫一样，这里面的层层关系曲折复杂，我没有任何背景和靠山，甚至我和现任的领导关系都只是半生不熟，那么为了这点钱去大闹，我的目的是什么？如果我要走没有必要解一时之气闹得这么难看，如果我想留下来，那么更是没必要如此冲动。

我把这件事忍了下来，之后开始调整心态，努力着手于本职工作，同时还要安抚下属们的负面情绪，我知道目前一切都不明朗，无谓的斗嘴只是情绪上的波动而已，做出成绩才是必要的。

不论是老人还是新人，到一个新的环境被排挤很正常，被原本部门的人不待见也在意料之中，更何况还有一个能力和我差不多的部门经理在虎视眈眈地看着我呢，任何的掉以轻心都会露出破绽，稳定情绪是第一要位。对我来说，经历了前一年在分公司被副总的刁难，我明显已经成熟了许多。

没多久就临近年会，繁忙的工作任务很容易把人捆绑到一起，无论是否有人敌对你，大家都希望工作任务是圆满完成的，那么有想法、有执行能力的人必然会变成可以被信赖的人。而我从头到尾都在铆足了劲儿去做这样的人。

我的想法、创意、执行力，成为了我最好的武器，出色的表现让我赢得了团队其他成员的认可，也得到了总监的青睐。整整两天，七个大板块的年会终于圆满落幕，总监十分真诚地夸奖我，我则说出了之前薪水降低的困惑，总监很吃惊地说："怎么会有这样的事？原本定的原则就是平移过渡啊！没关系，我去帮你协调，而且会把你之前的都补齐！"

可能有一些单纯的小伙伴会说：如果你当初直接找总监理论，是不是就早几天拿到这个结果了？或许你会这么想，但是如果让我重新选择，我依旧还是会像过去那样做。理由很简单，那时候的我内心除了钱之外一定有很多的委屈和不满，我没有把握能把这件事情客观平静地叙述清楚。不能阐述事实，还夹杂着很多放大的情绪，这种对话从一开始就不是去协商与沟通的。除此之外，还有一点我觉得也很重要，那就是我需要做出成绩让总监看到我的价值，这样我才有应该去争取的资本。换位思考如果你是总监，从下属公司新调入集团的人，才来两天就带着愤怒的心情跑你这讨薪要债，你会怎么看待他呢？尤其是在你还不知道对方有什么本事之前，你真的会为他去争取一些所谓的“权益”吗？有这个必要吗？值得吗？

加薪对我来说就是一场谈判，这场没有硝烟的对决里，首先要稳的是情绪，其次拼的是逻辑，但是最根本的还是价值。如何把你的价值和对方认定的价值相统一，换位思考是非常必要的，这些是我直至现在都在摸索和总结的。

春节之后我的薪水调回了原来的水准，总监也很负责地给到了之前答应过我的补差。之后是新一年的年度计划执行方案提报会。其实在那之前我并不是一个能做计划、逻辑关系特好的人，但是因为有部门经理这个强大对手，所以反而逼迫我需要反复从许多个角度思考问题，除了我原本负责的内容之外，我还需要从全局着眼去找想法和思路，尤其是我要更多地站在总监的角度、全部门的角度去思考，今年的工作重点是什么，要如何开展，怎么样去落实，怎么样贯穿。

我把自己的工作任务和全部门的工作思路做了一个基本的梳理，找了一个恰当的时间和总监去交流了一下想法。领导都喜欢有想法的员工，尤其是当你经过几轮的谈话越来越抓住核心点之后，你的思维和逻辑会更靠近中心。

年度计划执行方案提报会其实更多的是从部门现状出发去决定今年的年度目标如何完成，包括你的工作路径和方法，这很像一个头脑风暴会，但是又因为涉及具体的操作，所以需要考虑实际操作层面的情况。部门经理的准备并不充分，目标并不贴合企业发展的要求，思路保守，想法陈旧，仅仅是一个开篇，总监就完全听不下去了，然后总监说希望听听我的意见。于是我开始在会议室的黑板上画了我梳理思路常用的思维导图，包括年度目标是什么，我的落实想法、执行的步骤、落脚点的支撑、几个落脚点的配合关系，配合图表简单明了。

我知道我这样的做法非常冒进，或许会被同事认为是出风头，被部门经理认为是有野心。但是人生里能留给你展现的机会并不多，如果不能抓住，那一定是一个巨大的遗憾；如果因为害怕观众的嘲讽和喝倒彩而放弃，那更是懦夫的表现。

你没赢得掌声那只是因为你准备不够充分，你的发言还没能够变得精彩，但这些都不能说明你这样做是错的，有勇气地站上去，这是任何时候都应该给自己激励的事。

那之后没多久部门经理被辞退，他和我交接工作的时候用尽了力气，却还是没能笑得出来。一个部门是不需要两个负责人的，这我从一开始就知道，今天不是我抢了你的位子，而只是你没有本事守住而已。

部门经理走后，我接任了他的位置，工资从9800变成12000，坦白说我内心里并没有多少狂喜，因为我知道原本的部门经理开多少钱，我明白这就是我和他在总监内心里的价值差距。我内心憋着一股劲要做出成绩。

之后团队成员离职，我用最短的时间迅速重组了团队，我所负责的项目在全国评选里赢得了特等奖，这个成绩的取得多少让我有些欣慰，也有点得意忘形。进入十月份我打算和总监聊聊关于待遇的问题，因为接下来快要进入年底，一定会做下一年的人力成本预算，如果这个时候不探探底，明确自己的价值的话，等预算方案确定就更没有翻身的机会了。

我没有谈加薪的经验，所以开始的时候我还会有些抹不开面子，含糊其辞地绕着弯说，大概的内容是自己用最短的时间适应了新的环境，自认为表现还算出色，负责的项目也获得了一个大奖，所以希望工资上能有所上浮，这样会更有动力继续工作。

或许很多人提出的加薪申请都是这样吧？陈述自己的工作能力和成绩，讲述自己的不容易和辛苦，然后希望上级给加薪，但是这逻辑听着更像是加点辛苦钱的“加辛”。

总监听完了之后很爽快地说会考虑，之后给我开放了管理权限。所谓管理权限其实就是薪水不变但补助增加的意思，每个月增加了近两千元的补助。

这个结果让我反思了很久。

因为这个结果并不是我想要的，我的目的是希望和原本的经理待遇齐平，既然我接任了他的工作，既然公司已经肯定了我的能力，那为什么不给我这个职位的待遇呢？我觉得总监在内心里依旧觉得我和原本的经理存在着差距，要如何迅速弥补这个差距，我还没想明白。

我反复总结了上一任经理的优点，发现在带领团队方面他要优于我很多，包括成员之间的关系融洽等等。我作为一个新成员，带着原本自己的人马初来乍到，本来就容易被人不接纳，加上我的各种“出风头”的表现，不被理解也很正常。看来我需要在“团队管理”方面多下一点功夫，这是我接下来的目标。

还有一点我觉得也非常关键，那就是我要明确自己目前在市场上到底值多少钱。之前我一直和前任经理去对比，这多少有失偏颇。因为作为企业，你从外面挖人过来，一定会付出高比例的一个薪水，他可以拿到每个月一万八的价格，里面一定有跳槽所带来的附加价值，这是原本在企业内部靠自然升迁的我没办法去比拟的。

此外还有一点就是：如果我一直觉得自己赚得少，那么现在让我报一个数字，我没法估算出自己的价格，所以我需要找机会去试验一下，看看自己在市场上的价格。

很多人看我写的文章都认为川叔一定是经验丰富非常老练，但是其实很多事情我都是第一次做，比如提加薪申请，比如写简历，比如找猎头，比如非常正式地去面试，等等。我的长项是我很爱总结，并且一一修正，这也成为我能短时间成长的一个必要因素。

通过招聘网站我获得了一些猎头的资源，借助和猎头的沟通，我逐渐开始修正自己的简历，通过几轮的面试我开始明白了面试的流程和要点，通过三面和企业董事长的聊天，我懂得了如何短期表现自己的优势和长项。

关于面试和简历，我都写过专门的文章去总结，这里就不一一赘述了，当对方的人力资源给我反馈之后，我就已经可以确定自己大概的价值和待遇了。于是春节前又和总监谈了一次，那次谈判我是已经做好了离职的心理准备，如果谈不拢那么可能会选择在春节之后开始进入预备离职的状态。因为每个人在工作上最根本的目的其实都是希望找一个可以证明自己价值的平台而已，如果这个平台无法给予你，那换一个也没什么，但是不要怪罪这个平台。

我一直都觉得谈加薪是一件天时地利人和的事儿，所以时机很重要，自信也很重要。我当时选择的时机是临近年底，虽然我手头负责的项目马上要进入扫尾期，但是每年一度的年会已经马上要开始进入筹备阶段，我的创意能力和执行能力都是我认为可以在这个时间点当作综合考量的加分点，除此之外我已经有了一定的市场认知，所以我的目标很明确，要求很清楚。最后一点，我觉得我把握的火候刚刚好，原本的项目快收尾，新的任务还没开始，我并不希望以任何威胁的姿态去得到这个待遇。很多人乐意骑驴找马地找工作，但是不要妄想用驴去威胁马，因为那很可笑。你的价格取决于企业对你的需要程度和评判，如果他们觉得你重要，会想办法留下你；如果他们觉得已经超过了自己的底线，那无论别家公司开价多少也无法留下你。万一真的是因为负责的内容或者是关键时期，领导被逼着做出留下你的决定，一旦这个时间点熬过去了，你觉得他会继续忍你下去吗?

工作其实是一个买卖不成仁义在的事儿，与人方便也是给自己方便，当你有了底气，找到了时机，把握好了火候，那么绝对的坦白是必要的。你只是说出你的想法而已，把决定权交给领导去思量，能做领导的人都不傻，他们知道如何去衡量一个人目前对于企业而言的价值。

我和总监说得很坦白，包括我目前了解到的市场的情况，我没有直接说我的职位的价格，我只是说，如果只是单纯负责我做的项目，这样一个负责人的身价大概会是怎么样。总监很精明地就能判断出我已经去市场摸了一圈底，我也很坦白地说自己有出去面试的经历，包括目前有几家意向公司已经在谈，但是迟迟还没有最后定只是因为对这个企业还留有很深的感情。总监看了看我，迟迟没有说话，沉默了一段时间才开口说，对我所说的情况表示理解，也能明白我到了这个年纪所面临的生活压力，同时也肯定了我的能力并给出了年薪三十万这个大概的意向数字，不过特别强调说需要和董事长商议后才能给我定论。

春节放假前，我收到了调薪通知单，上面写着：月薪20000，季度奖金10000，年终奖20000。至此这场关于调薪的谈判算是暂告一个段落。

想加薪，你凭什么？

这个问题你问过自己吗？

你有好好总结过自己的长项以及不足吗？你有了解过公司内部大概你这个职位的人普遍的待遇水准是什么样的吗？你知道你现在在市场上值多少钱吗？

你判断过如果自己辞职会带来什么样的影响吗？如果换一个人大概需要多久才能接替你的工作吗？

这些都考虑周全之后，你选择了合适的时机吗？你是否表达清晰准确了？你足够坦诚而且冷静客观了吗？你有想过自己如果真的加了薪水接下来要向什么方向提高和努力了吗？

如果这些都没有想好，那么想加薪，你凭什么？

跳槽是斜上角四十五度的提升

我一直觉得跳槽应该是放在内心的一种原动力。

它代表你的追求和目标，而不是你口头的标语，和说走就走的理由。

每一个所谓的跳槽都应该是斜上方的爬坡成长，年纪越大越应该谨慎。

跳槽这个词在职场里非常常见。

这个词从某种意义上说，带着一点光荣，为什么？

因为你可以走，也可以选择不走，主动权在你手里！

从某个层面来说，跳槽和裸辞好像有那么点儿反义词的味道。

川叔对于跳槽这个词儿的理解是，斜上角四十五度的提升。

或许有人会说：谁告诉你跳槽一定是提升啊？也许还有平移啊，

或者还有跳得一家不如一家啊！

呵呵，一家不如一家那你不是跳槽，是跳井啊！

平移？是因为同事挤兑，上司排挤，姥姥不疼舅舅不爱最后才走的？

你那不是跳槽，是落荒而逃。

其实我少年时代，对数字没多大的概念，总觉得工资这东西呢，差不多就行了，所以那时候对于跳槽没啥概念，就觉得干得开心就干，不开心就走。至于工资是2800元还是2500元，无所谓，反正不是还有老板画大饼的提成吗？反正不是还有未来吗？

不论是从2500元到2800元，还是反之，其实这都不是跳槽，这叫“换工作”。

每个男人都有一个成熟的过程，每一个职场人的所谓职场规划也都有一个渐进的过程。

三十岁之前我根本没有规划，而且我特别讨厌“规划”这两字。

我记得大学毕业的时候还有老师做什么就业规划辅导，巴拉巴拉地讲了一堆。我当时非常“愤青”地说：“老师，你不知道计划赶不上变化快吗？”

现在想想今天我写的这些文章和当年老师们做的事儿如出一辙啊！这是报应？

是的，我不爱所谓的计划，对于二十多岁的我来说，谁和我聊所谓的职场规划，我都会说，我计划三年变成高富帅，迎娶白富美，担任CEO（首席执行官），你觉得可能吗？

我记得我在文章里写过那么一句话：穷人的世界里没资格谈理想和未来，活下来才是首要的，但是没目标地活着，其实会很迷茫。

尤其是在大城市，你一个人只身流浪，每个月是彻底的“月光族”。

你会有一种特别大的孤独感和恐慌，觉得自己在浪费时间和生命，在这个不属于自己的城市里，每个月拿着微薄的收入，去掉房租、水电、煤气、吃饭，最后所剩无几。

如果你每个月的存款只有几百元，坦白说，多大的理想都会显得虚无缥缈。

毕业之后一定会有一段迷茫期，这段迷茫期可长可短。

我的迷茫期应该算是长的，六年。

六年里我基本每一年或者每半年就在换工作，我怕穷，怕死在这个城市，所以总是接兼职。

六年里我转了三次行，每转行一次我就迷茫一次，因为我不知道我能干啥，会干啥。

有句古话说，人穷志短。我想这话大概是没错的。

当年因为学的专业学费特别高，那时候恰逢家里遭遇了一些变故，所以农村老家的父母几乎是举债供我读完的大学，背负这样一个十万元的负债，毕业却身无分文居无定所，心理压力有多大可想而知。

后来阴差阳错，我因为一份兼职外快，算是得以还清了外债，人生没了压力，也因此没了方向。

如果说刚毕业那会儿努力拼命是为了希望有一天可以帮着家里还债的话，那么还完这些之后就觉得可以了，没必要再继续努力了。人怎么样都是活着，干吗那么辛苦呢？

或许这个经历对比现在的我看起来有那么点励志，但是在当时，我根本没什么励志的想法。

唯一的想法就是，这个城市那么多人，他们和我一样默默无闻，我一辈子也不会有多大的成功、多远的理想。既然怎么做结果都一样，那么何必那么辛苦呢？就混呗！

所以之后的工作我几乎完全是在凭爱好，拼热情。那时候考虑的不是哪个行业如何，自己适合不适合，而是，因为我喜欢，所以我才做。

我的成熟源于人生里的第一份“高工资”——广告公司的入门工资，月薪五千块。

如果让我给职场规划找一个理由和启动点的话，那么我很坦白地告诉你，就是，我怕失去。

是的，因为害怕失去，所以才一直拼命向前跑……

是不是听上去有点懦弱？或者比你想象的更蠢？

我没办法预言别人的人生里是不是也一定会有一个这样的点。

就好像有的人经历了初夜就从男孩变成了男人，而有人则是结婚生了孩子，才意识到自己要承担起责任。

成熟这个东西，因人而异。

第一份比预想中多一倍的薪水，让我拿得无比谦卑。这份谦卑背后的不自信是因为我内心里一直都觉得，我配不上它。

“配不上”是一种略带愧疚的心理活动。

你觉得你配不上你老婆，所以你会格外地对她好。

你觉得你配不上老板给你一个月五万的薪水，所以你会卖力地工作，加班特别来劲。

但是这份配不上的背后，是极度的不自信，内心脆弱如纸，诚惶诚恐，压力巨大。

一段配不上的婚姻里，如果高高在上的一方出轨，势必会引发原本弱势一方的极大反弹——老子装孙子一辈子，最后你背着我偷汉子。这种恨不得千刀万剐才解恨的心情不难理解。

而一段配不上这份工作的心情，会驱使你拼命提升，希望早日能和别人在一个水平线上，所以哪怕是一句不经意的“真不专业”都会让你内心崩溃。

关于我的第一份“高薪”工作，我不想重复我的努力。关于当时我遇到的那一任爱好抢功的女上司，我在其他的篇章里也写过，这里也不想重复。

我觉得我能忍耐下来，最大的理由就在于，我害怕失去。

当你再也不用兼职奔忙也可以生活安稳的时候，你才会滋生些许的不满足。

你会渴望加薪，渴望被肯定，被人注视。

而这些渴望的前提是，你不能丢了这份工作。

对于当时刚转行到广告这个圈子的我来说，我无法想象，如果离开这家公司我会去做什么？或者我能做什么？

我还可以拿这样的薪水吗？我一点自信都没有。

这份诚惶诚恐让我第一次萌生了，我要保住自己的位置，第一次对于一个公司，我有了要留下的想法。

这份想法让我日后被人欺负、耻笑、奚落、嘲讽，面对客户的刁难，同事的不配合，领导的鄙视，都能够一一容忍下来。没关系，我不懂我可以学。

由于这个不想走，怕被开除的想法有了我后来人生里的第一次项目谈判，第一个独立接单，第一次成交。即便上司抢了所有的功劳，但是那对我而言却是一种“原来我也可以做到”的欣喜。

世界上最大的激励莫过于，你去努力之后发现原来看起来很难的事情，你也可以做到！

如果说，现在的你透过文字看到的川叔是自信的话，那么这份自信都是在五年前的那个表彰会上，在我的上司风光无限地接受大老板赞赏，并站起来发言的时候，我内心的鼓掌只有我自己可以听见。

那掌声告诉我：你看！你能行！

这句颇有点撒狗血的标语在接下来一系列的人事变动、金融危机大裁员、部门合并中成了支撑我一次次坚持下去的动力。

有了动力，那其实你离开窍就不远了。

对我来说第一次开窍来得有点突然，部门负责人跳槽问我要不要和他一起，那是我人生第一次学会，在恰当的时间点提出涨薪水。

那是我第一次去思考：我跟着老大一起走，我能得到什么？

钱还是职位？还是两者都要有我才走？

我要加多少钱合适？太多他会选择别人吗？

到新的公司，人事纷争几乎是一年一个样。我两年换了三任领导，这在最短时间内催熟了我，我从进公司的时候就为自己定了一个目标，我要在这个公司坚持三年。

为什么我这么定？

是因为在广告公司后期，我尝试投了一些简历，那时候还没有人去指导或者可以回复“豆友”这种事。

我获得唯一的一个面试机会和我当时负责的内容差不多，也是做一本企业刊物。但那是一家教育培训机构，我当时觉得自己的专业水平完全可以胜任，所以几乎是自信满满，面试的HR被我显摆的气场完全压制住，最后请出了所谓的人力资源总监。

那个总监几乎是以挑毛病的口吻说：“你的简历最大的问题就是每个行业时间都很短，看着好像懂得很多，其实只是样样通样样松而已。不过我还是很看好你的专业能力，如果你来这里，我可以考虑给你月薪两千五，之后每个月会有五六百元的浮动奖金。”

我几乎是还没等她话音落地就站起来说，“我觉得我们没必要谈下去了，因为我们对话不在一个层面上”，之后又非常不客气地说：“对不起，您可以把我的杂志还给我吗？”这种显摆的行为几乎可以算得上今天面试的反面教材！但是当年那个玻璃心的小男生根本无法接受这样的打击。

虽然我当时很冲动，但是在回去的路上我就一直在反思：为什么她会给出这样的一个价格？是我的本事不行，还是行业的问题？最后我总结出，普遍的服务业和出版业基本都是辛苦而清贫的行业，你想拿高薪水，不去一些高大上的主流产业，那你只能当一个入不敷出的小喽啰。

因为有了这么一次教训，所以我第一次认清楚了自己。

也第一次明确了，我要留在房地产这个目前还有钱的行业，而且我需要一份为期三年的工作经验，还必须在三年内，争取接近核心业务，争取接近核心管理人员，不然我依旧是一个编外人员！

跳槽，首先你要明确你的目的。

你换一个平台也好，甚至换一个行业也好，你为了什么？

如果是为了钱，那你现在有什么？有技术？有经验？有资源？

如果是为了职位，那你觉得你现在可以到什么样的位置？主管？经理？总监？

如果是为了学习，那你现在最希望做的是什么？为了这个目的你可以接受的工资底线是多少？

跳槽一定是先有想法，才会有行动。

为了赚大钱的，你需要早早就开始把一些核心的东西、值钱的内容掌握，不然下一家凭什么请你？人家花高薪请你不就是看中你手上那么点核心的东西吗？

为了职位的，或许你觉得在这家能力已经足够，但是升迁困难，你换下一家，你要带去的不仅仅是资源，还需要有自己的想法，包括组建部门、领导能力，这些是必需的。此外还有眼界以及关于未来发展的计划，一个小头目和一个大头目看待未来是不一样的！

如果你是为了去那边学习，或者你是换了一个行业，可能要从头开始。那一定要换一个心态，再从低姿态做起，而且要给自己一个期限，要坚持多久，我这样吃苦是为了什么目的，这样你才能够忍下来！

我从进这家企业的时候就明确了自己的目的，三年的工作经验对我很重要。更重要的是，我要每一年都必须有提高，有表现，有成长，我必然要和直属领导达成一致，才能了解“领导想法”，学习战略的眼光和规划。我不给自己目标，我就一定会在这个位置上混吃混喝，最后被淘汰！

四年后我觉得我拿到了我预想的，事业也差不多到了一个瓶颈，无论是向上升迁还是平台都出现了局限性，所以我要选择离开。

离开去哪里？我自己有一个相对明确的要求。

这些要求都是通过一轮一轮的面试得出来的经验，谁靠谱？谁是大忽悠？

这家的企业文化如何？总经理会给你开多少钱？

我需要一个怎么样的企业背景，这对我未来的职业发展会有什么驱动力，我需要提出什么样的职业需求，我希望在哪方面加强我的能力，新的平台可以给到这些吗？

这些需要你未来靠行动去验证，但是出发前如果不决定方向，那么走多远多累，其实都是徒劳无功。

发挥长处补充短板，其实你只有几年的时间去做这件事，而每一次的职场更换代表的则是立场、职位、眼界的大洗礼！

早年的时候我听到别人说，跳槽找猎头，会觉得非常不可思议。

我当时还傻乎乎地问，怎么样才能找到猎头？

有人就一边笑一边说，等你到了一定的位置，猎头就会自动找你了。

我记得我第一次接到猎头电话的时候，那种欣喜和中了五百万有的比！

而且多和一些猎头聊聊，有助于你职场的定位和位置的明确。

在这家公司前两年的时候，我的职业方向也一直摇摆不定，因为我非常想做营销，但是一直没有机会深入现场，最后还是一位猎头说，现在营销人才多如牛毛，你又何必加入里面呢？我这才恍然大悟。

我在这个公司第二年开始有一些猎头找上来，但是一般来说都是发了简历就不再有消息了。那时候我还没有总结自己的简历是不是有问题。

第三年的时候，有猎头提出，可不可以针对招募的职位修改一下简历？让重点更突出一些？我这才意识到简历的重要性。

我现在的这一版简历几乎是猎头一点点要求，逐渐演变的结果。

我也在一轮一轮的面试里，逐渐明确了自己的价格。

跳槽，你要做的基本工作就是，明确目的，知道身价。

有了这两点，哪怕你最后没有辞职，你也会在和领导提出加薪申请的时候有一个价值参考。

我有了跳槽的计划是从2013年九月份开始的，从最开始非常生涩的面试，到小公司的试水，到大企业的面试流程，基本上掌握了规律，最后才有了你看到的关于面试的心得。

跳槽只是一个念头，要把它付诸行动，需要有太多的动作。

这里面包括了你的自我梳理和评价，在现在的位置如何看待未来的规划，还有你的硬件设施，比如你的简历、面试经验、人脉资源、消息来源等等。

所有的这些准备都到位了，你的跳槽才会成为一个可以落地的实际行动。

我不赞成裸辞的最大理由是，一旦你是赋闲在家的状态，薪水待遇基本会被HR卡得死死的，而你一旦是上班的状态，那他们会比你还着急。春节前是一个面试的高峰期，我提出的要求是希望年薪翻倍，之所以这样是基于当时几轮面试的行情，而且我已经有了一个保底的offer（入职通知书）到手。

当你知道了自己的身价，你根本不会理会人力总监的那些所谓的岗位上限、绩效工资、年底奖金之类的“画饼”。

你的能力，与岗位的匹配会让你信心大增。

我提出辞职前，直属领导已经预感到了，所以领导的魅力就是第一时间洞察下属的状态，能补救的赶快补救，补救不了的，立刻找代替人，这就是领导！

领导在我还没开口之前先找我谈，因为临近年关事情非常多，我当时手上负责了三个大项目，任何一项完不成都能让领导吃不了兜着走。

因此领导找我谈话的开篇就很明确，年底会调整薪水，问我对明年薪水的期望。我们俩心知肚明地做了一番表面风平浪静，暗地却针锋相对的谈话，她希望我先给价格，我希望可以和市场齐平，这番谈话与HR谈工资是差不多的。于是为了让她知道我对市场的把握，我告诉她去年我负责一个项目工作量的市场价格，然后笑着说："今年我负责三个大项目，而且我负责了一年，成效您看到，我相信您也会给我一个合理的答案。"

最后，她给出的价格刚好符合我的内心底线。这件事就暂时落下帷幕。

所以你要明白，跳槽只是一个状态，不见得你下一家公司一定比这家好，你要适应新的环境，新的团队，新的企业文化。这需要过程，所以跳槽的成本非常高，这也是为什么许多人跳槽，都希望薪水要翻倍或者至少上涨30%的原因。

因为这些是你去适应新环境，以及有可能在90天的试用期内被开除的一个补偿。

所有的开始都意味着冒险，所有的重新出发都取决于你的勇气！

走不走，没人怪你；如果选择留下来，你也要明白现在的你在市场的段位。然后，对准市场标准想一想，你的哪些能力还没有到位。

我觉得这才是整天吵着要跳槽的人需要好好考虑的。

一旦确定了方向，有了大概的意向，那么剩下的就是提前做好工作的切分，结算。

好聚好散是考验人品的，前任公司的上级以及HR对你的评定和印象，是你入职前后背景调查重要数据的来源。

大家只是一起共事，没必要最后走的时候成了仇人。

你在上一家做不好收尾，下一家也会预防你这样。

我一直觉得跳槽应该是放在内心的一种原动力。

它代表你的追求和目标，而不是你口头的标语，和说走就走的理由。

每一个所谓的跳槽都应该是斜上方的爬坡成长，年纪越大越应该谨慎。

薪水不是决定你价值的唯一指标，但是薪水可以代表的是平台对你衡量的一个基准线。

你觉得薪水太少或者涨幅不大，你需要反思的是，你的能力是不是还没有达到这个基准线。

无论哪一点都值得你好好思考，接下来你是要提高专业能力，还是需要增加领导才能或者战略眼光。

有人觉得人生里跳槽越少越好，有人觉得跳槽越多成熟越快。

我觉得跳槽的多和少，其实和你内心的成熟度有关。

你目的越明确，想要的东西越容易得到；你越迷糊，工作或者生活越容易产生烦恼。

如何能做到自己成长，大家祝福，挥挥衣袖带走的都是赞美，这才是个值得思考的问题。

裸辞不是说走就走的旅行

裸体、裸奔、裸辞，这些都是个人行为，无关乎对错。

你在家里爱露哪露哪，但是不拉窗帘被偷拍就别怨天尤人了；你乐意大街上裸奔，就别怕到时候被人肉搜索；你决定裸辞，就要接受可能接下来连续三个月没有收入。

做啥事都没关系，只要你能对结果负得了责。

不知道啥时候，有人发明了这么一个词儿——“裸辞”。

在川叔还没有成为叔的年纪，我真心干过这种事儿。

那是我还在出版社的时候，每天早八晚五，公司打卡机是刷卡片的那种，每次把卡塞到一个像烤面包机的仪器里，之后磨磨唧唧地打印上你上班的时间。

出版社的日子相当清闲。早晨八点到公司，打完卡可以去吃饭，十点到十点半工间操，一群大爷大妈在那做广播体操，还有一个领队！十一点半吃饭，下午一点半才上班，很多级别高一点的人就在办公室里弄个床，躺上去睡个午觉。

下午时分基本很难熬，尤其是三点前后，内心犹如长草，好在这个时候又是自由活动时间。

可以打打球，散散步，但是不能走出去。

晚上五点准时下班，一分钟都不想多停留。

这种如白开水一般的日子，让年轻的我完全坐不住，我就又想起那些之前接过的兼职，刚好早年电视台的熟人去了另外一个公司，要做一系列的小片子，不用拍摄，只是写脚本，做成动画，从写剧本到监督后期的制作，一集五百元。

素来以多快好省出了名的我，当然是乐得屁颠屁颠的。

一口气写了十集，因为表现突出就当场拿下了这个活儿，索性想玩把大的，就把这一单都承包了下来。二百集，十万块。

那段日子里，我每天都累得跟狗似的。

白天在单位上班，晚上回家写本子。片子做好了，就要下班连夜赶去节目制作中心审片子，之后写修改意见，与制作人员沟通。

一般都是深夜两三点才能回家，第二天一早七点要继续上班。

这样的日子过了整整三个月，感觉自己快要坚持不下去了，这时候，节目制作中心的财务告诉我，我的卡里已经打了两万块钱。于是，我又满血复活。

两万块钱有多少？

可能现在的你会觉得这没多少，但是对于当年来北京每个月只有1700元，到后来一个月2800元的我来说，那是一个天文数字。

我记得我收到第一笔两万块钱的时候，很激动，我把所有的钱从银行取出来，柜员小姐还给了我一个牛皮纸袋。我一路上把手放在书包里，一直捏着那个纸袋，恨不得攥出水来！

我回家的第一件事就是把钱拿出来，之后一张一张铺到桌子上，两万块钱铺在上面薄薄的一层，我整个人趴在钱上面，突然有了一种感动……

这种感动我形容不出来。这种无法用言语表达的东西在后来给我妈打电话的时候，变成了激动，变成了那句哆哆嗦嗦的“妈！我……我……我成了万元户了！”

是不是有点好笑？我自己现在回想起来都觉得很好笑。

但是快乐是短暂的，痛苦是漫长的，尤其是最后一个月的收尾工作，我几乎每天都深夜离开，蹭另外一个编导的车回家，睡四个小时之后爬起来洗脸上班。

直到有一次睡过头，我忽然有了一种释放的感觉，觉得好轻松啊！

睡到下午三点多，洗澡出门，吃个晚饭，坐车直接去节目中心，继续加班熬夜，再回家睡觉，继续睡过头……

直到行政的人给我打电话说："你到底还来不来了？"

我迷迷糊糊地说："哦！那就不去了吧！工资没多少钱，我也不要了。"

就这样，我莫名其妙地裸辞了。

我裸辞后的半个月，节目制作中心的款也结算完了。

时间似乎一下子空出了很多。

我开始当起了一个不知名杂志的连载作者，一个月一万字的小说连载，下午开始写稿，晚上上网聊天，凌晨两点会从DVD里翻出一部电影，看到四点，之后拉上窗帘睡去，再苏醒通常就是隔天中午，吃一顿饭，又开始了写稿上网的生活。

这种日子让我可以半个月足不出户。半个月没见过早晨的太阳，生物钟完全颠倒，神经紊乱引发了心动过速，长时间不正确的坐姿让我的脊椎出了点小问题。我这才意识到，或许我天生命贱，我需要用工作来把生活填满。

于是裸辞了一个月之后，我又随随便便地找了一个工作，月薪1800元，每天花在路上的时间要四个小时，但是有一种活过来的感觉。

这就是我的裸辞故事。

为什么我不太赞成裸辞？

因为多数的裸辞者都没有太高的薪水，正是因为薪水不高，觉得两千块钱的工作满地都是，老子才不受这个气，于是果断裸辞，拜拜了您那，不要总是这个剧情好吧！

反之，如果是两万块钱一个月的工作，你裸辞之前都要掂量掂量。

多数裸辞的人会有一堆的理由，无论心理还是生理，总结一句话就是："我再也受不了啦！"这种情绪会占据你的第一感官，让你做一个在你看来算是非常"解气"的行为。

可是这个行为就好像小时候和高年级的同学打架一样，你很解气地回骂对方，最后很可能是更快地招来一个"眼儿炮"。所以真正的解气应该是君子报仇十年不晚，我每天晚上准时拿弹弓打你家玻璃，还不被发现，这才是真汉子。这句话看看就可以，不能拿来实践哈。

所以非常解气地放弃这个烂工作的做法是，去寻找一个更好的工作，找到之后你会更有自信，而不是辞职完没工作，那无论你在前同事面前怎么装强大，都会觉得内心发虚的。

最后，我不赞成裸辞的理由就是，很多人都会不自觉地把裸辞当作一个逃避的借口，就好像很多人总喜欢把那场“说走就走的旅行”当作工作瓶颈的缓冲一样。最后的结果还不是回来上班，该瓶颈还是瓶颈吗？

没人敢说自己的工作是一帆风顺的，你在这里遇到的工作问题、交际问题、情绪问题，并不是靠你裸辞就可以消失和解决的，你换个地方后依旧会遇到。

我们总爱说，机会是留给有准备的人。啥是准备？就是好好把握你遇到的每一次困难，不要把它当作你人生的障碍和抱怨的借口，而是当作你成长和转变的一个起点。

等你平稳地走过那些坎坷，你也就准备好了！

当然，人生有很多种，毕竟那是每个人自己的人生。

或许有些人就是不喜欢规划，就是想放任自己一把，或许这也没什么不好！

是啊！放纵一下又能怎么样呢？

就好像每次川叔看到小胖子在肯德基门口大喊“难道我连吃一

个鸡腿的权利都没有吗”，或者是每次自己加班累成狗，看到卖甜品的小店，就对自己说，老子这么累，难道还不能吃一个甜点吗？

是啊！这些顺理成章的借口，最后就变成了永远有胖子在减肥却瘦不下去，造成了川叔现在成为了濒临“三高”的非健康人类。

放纵自己没什么不好，又能怎么样呢？不过就是功亏一篑，从头再来嘛！可那时就别再说什么为什么上天不给你机会了，其实它给了你，只是你放弃罢了。

裸体、裸奔、裸辞，这些都是个人行为，无关乎对错。

你在家里爱露哪露哪，但是不拉窗帘被偷拍就别怨天尤人了；你乐意大街上裸奔，就别怕到时候被人肉搜索；你决定裸辞，就要接受可能接下来连续三个月没有收入。

做啥事都没关系，只要你能对结果负得了责。

Part3

我是这样活过来的，你看着办

都说飞得越高，摔得越惨，

但是我想看看我到底会摔得有多惨。

落地了，只要没死，那么爬起来，

每走一步都是向上！

那些你恨得牙根痒痒却又不得不面对的上级

川叔的人生信条里，只有因为职业发展而辞职，没有因为被挤兑而辞职的。

因为你在这里解决不了的问题，到下一家单位就不会遇到了吗？

如果连这么点小事儿都战胜不了，以后你只会更麻烦，除非你乐意一直重复以前的生活，而不是向上。

那时候我在博客里写过一句话：都说飞得越高，摔得越惨，但是我想看看我到底会摔得有多惨。落地了，只要没死，那么爬起来，每走一步都是向上！

有些人不论你怎么避开，都会出现在你的生活里，而且避免不了。就好像你学生时代一定会有一个难忘的胖子同学一样，在你的职场生涯里，总会遇到那么一个让你觉得牙根痒痒却又不得不面对的上级。

他们或许严厉，或许显摆，总结下来就是一句话，他们不对你的路。

可偏偏他们还是你的直属领导，所以不论你是如何看他不顺眼，也不管你是不是辞职的时候给了他一耳光。总而言之，他们总是让你恨得牙根痒痒却又不得不面对，因为你的绩效、奖金都在这个人手里攥着！

我的上级就是我的副总经理，原来我是另一位副总的手下，后来因为调任的总经理初来乍到，她们之间彼此不服，我就成为被牺牲的炮灰。

这个故事我之前说过，在此就不多重复了。

总之呢，原总经理拍拍屁股跑回总部，留下了我面对新到任的男老总和一直对我怀恨在心的女副总。更要命的是，我原本的直属上司突然去留学了，我等于自动被收编成了女副总的手下。

事情的急转直下，估计琼瑶奶奶的狗血剧情也不过如此吧！

销售总监辞职之后，总经理自然是调入了自己原来的老部下，副总也趁机开始招兵买马扩大队伍，我们公司呼啦一下来了四五个人，加上原本的人口编制，我们的分公司一下子人丁兴旺了起来。

副总使出的第一个杀手锏就是：孤立。

没错，虽然我们都不是小朋友，也过了那种上厕所都需要结伴的年纪。

但是，中午快要吃饭的时候，副总走出办公室，喜笑颜开地说，走吧！大家一起去吃中午饭吧！之后开始叫，小张、小李、小王、小刘……

这个省略号，就是我。

新人旧人加在一起九个人，八个都点了，就不点我。你能明白那种直截了当的感受吗？这时候的内心可真的是韭菜花加上酱豆腐，五味杂陈。

尤其是早年那些看不惯你的同事，我几乎能感受到他们是带着一种轻蔑、嘲讽的表情从我面前飘过的。

每个人的背影大概都写的是：你活该！

坦白说，当时虽然脸上还强装镇定，但是内心里早已在滴血了。

但是，这只是第一步。

副总使用的第二招叫作：夺权。

还记得之前总经理带我跑项目吗？我一个人忙得人仰马翻，当时我们一共俩项目，我手里还有自己的本职工作，那时候没有人，所以没办法分配任务，现在招募了这么一堆人，率先要做的就是来分流我的工作，副总的名义是："不想你那么辛苦嘛！"

那时候我内心那个纠结啊！

在职场其实有一条不成文的规定，你负责的项目越多，代表你得到的机会越多。

你接手的东西越多，代表了你加薪的可能就越大。川叔在这一次的忙碌中一年下来累成狗，唯一的回报就是薪水调整了三次。

而且做项目你会有很多自己的投入，虽然项目都是老板的，但是人都有责任心，都会希望善始善终，好歹做出点儿成绩，有了大收获再功成身退吧？

于我个人而言，从来没接触过的东西，还没学够，现在来了一堆新人，就被告知，你必须退出这个项目……不知道那种内心的纠结你懂不懂。

反正我是一百个不情愿。

可不情愿也没办法，她是你的上级，她的话你必须得服从。

我那个时候还很年轻，也很气盛，所以情绪调节能力很差，每天上班都很像吃药，抵触得很厉害。

工作交接当然不可能是全盘的，但是也基本是蚕食原则。可以交接的就一部分一部分地交出去。

暂时交接不了的，实行陪会原则，让你去带新人，让对方逐渐融入工作，之后代替你。

交接的工作对方不懂的地方，你要告诉他怎么做。陪会的人员，你要讲解项目的背景，面临的局面，以及接下来要做的事情。

可能有人会说：我凭什么教他啊？那其实就是你的不对了，同事又没得罪你，何必呢？我本来已经被领导孤立，新来的同事只要不瞎都能看出领导不喜欢我，我还这么任性的话，那才是众叛亲离。

这件事充分磨练了我的心性，也让我明白，任何时候靠近专业，努力去学，去付出，抓住机会。这是职场守则里的必要，因为机会总是稍纵即逝，时至今日我都依旧还有着危机感，和那时候的遭遇不无关系。

副总的最后一招叫作：黑你。

东北话管黑人叫做“下套儿”，就是挖个坑让你去跳。

那段时间我调整了心态，因为我发现不论我再怎么消极，我都只能接受现实，所以也就活得洒脱起来了，说白了就是有点没脸没皮了。

但是，有时候副总和我一起开会回来，搭我们集团领导的车，有大领导在的时候副总就会聊个没完，但是中间总能提到我，多数提到我的地方肯定不是我的丰功伟绩啦，都是我出纰漏的地方，当作笑料逗大领导开心。我也只好讪讪地笑。偶尔她会把话头递给我，但是前半句都是说某某项目负责人人品如何如何不好，她会甩给我一句说：“他那个人的人品啊，小川，你那时候怎么形容他来着？”

面对这种再傻都能看出是圈套的话，我心情好的时候会接一句：他就是刚愎自用啊！如果心情不好，大概会说：“他就是刚愎自用啊，这话我记得当时还是您形容的呢，我觉得真贴切！”

类似的例子不胜枚举，所以那时候真心觉得生活好累啊……

总之呢，我空手接了三招之后，还活着。也许有人会说：你干吗不辞职啊？

面对这话，我估计只能呵呵了。

川叔的人生信条里，只有因为职业发展而辞职，没有因为被挤兑而辞职的。

因为你在这里解决不了的问题，到下一家单位就不会遇到了吗？

如果连这么点小事儿都战胜不了，以后你只会更麻烦，除非你乐意一直重复以前的生活，而不是向上。

那时候我在博客里写过一句话：都说飞得越高，摔得越惨，但是我想看看我到底会摔得有多惨，落地了，只要没死，那么爬起来，每走一步都是向上！

事情的转机来了。

我转交了一个项目权限之后，因为接手人的工作疏忽造成了项目上一个印刷文件的错误，导致了一笔小小的损失，总经理拿到文件小样的时候气得半死，之后才发现原来这个项目我已经不负责了，这才正视我被排挤的事实。

总经理拿着带着瑕疵的成品在周一的晨会上问：为什么最后做决定文件的时候没让小川看一眼？全场鸦雀无声……

坦白说，其实我内心在鼓掌！

这件事带来的转机是：以后所有的定稿文件和方案都要发一份给我，并且我要提意见。我也因此得到了在这个项目上继续学习的机会，也知道了项目的进展情况。

另外一个项目因为没有负责人，所以总经理决定亲自抓，但是开了三次会就发现陪会人员对此毫无兴趣，最后不得不把她打发回来。

就这样，我有了和总经理单独相处的机会，于是在每次去开会的车上，我会提起工作里遇到的一些瓶颈，并且试探着说出一些内心的困惑，包括项目，包括副总和我之间的对立，等等。

人心都是肉长的，不论之前总经理到任的时候，从副总那听说了什么，对我有什么不好的印象，都会有机会慢慢改善和翻盘。

有句古话叫作“守得云开见月明”，也许对于自然界来说，光明是等来的。

但是对于职场来说，光明是争取来的！

或许第一印象很重要，但是改变它并没有那么可怕。

被人排挤或许会有一时的难堪，但是你只要接招，坚持下去，就会有翻盘的一天。前提是，你真的是一个可以用得上的人。

因为没本事的人，再怎么折腾都不会改善什么。

后来我的部门也开始扩充了人手进来，我们更换了新的办公场所，我和副总被分开在办公区的两极，真有点彼此互不往来的意味。副总手下的一些新人走了几个，老人也走了几个，她的带队能力受到了质疑，所以暂时地消停了一阵子。

我和总经理负责一个项目的跟进，直到彻底收尾。另外一个项目则是把所有的阶段性报告发给我，虽然很多时候我不去要，她是不会给的，每次也总是推脱说忘记了，年纪大了云云。

公司成立了新的部门，总经理亲自带队，我和新同事迅速地找到了相同的兴趣点而成为了好朋友，行政部门也扩大了规模，进来了几个新人，我每天下午三点觉得工作太累的时候，就会从抽屉里拿上一包零食去行政那边，和大家边吃边聊，久了你就会听到很多公司内部的八卦和动向。

公司另外一个副总的职位一直空缺，听说总部希望调派一个人过来，不过被总经理驳回了。所以很多人都在猜测：老总是不是想安插一个自己的人？或者是想内部晋升一个人去做副总。

总经理爱好喝茶，常常叫上新部门的同事一起去喝茶，据说那是他的老部下。有一次他问我下午有空没有，没事过去陪他喝茶，我就应允了。

那壶茶才喝到第三杯，总经理就问起我对副总怎么看？

这么一个模棱两可的问题一时间让人摸不到头脑，还好之前从行政那边听到了风声，我猜想是总经理在做民意调查，顺便探探我的意思。

我开诚布公地说了副总和之前一位老总不和的事实，因为我相信这件事他问别人也能问出来，我也很客观地肯定了副总的能力，一个人能坐这个位置一定有他的理由，副总的个人能力非常强，工作经验也很丰富，但是有时候为人过于强势，“空降兵”在她面前存活的几率不大。我也非常直接地说，自己年纪轻，工作经验不足，我除了有热情和一颗好学的心之外，什么都没有，所以目前是没办法被委以重任。

总经理看我如此坦白，便也实话实说了，他初步的想法是不再增设另外一个副总的职位。我听他这么说，便也大概明白，他这顿茶估计就是怕我心高气傲有想法，是安抚茶。既然话都说开了，便没有什么负担了，我因为完全不懂茶，就和总经理请教了一些关于茶的问题，于是害得他打开了话匣子，顺便把抽屉里的各种茶宝贝都和我一一分享了起来。

隔了几天我就找了副总直接聊。

话说得直接明了，“我很年轻，而且来这个企业初来乍到，面对机会我肯定不能放弃。我什么都不懂，我很想学习，我也没有什么多余的想法，只是因为我对项目非常感兴趣，想了解更多。我没有副总您那么多经验和经历，这是我应该补的课，所以面对任何这样的学习机会我都不可能拒绝。

“当然也因为年轻，有些地方取得了一点成绩后，我难免爱表现，那是因为我以前没成功过，所以这也是情有可原。我们出来打工是为了赚钱，我希望留在这个公司，并且能够得到加薪的机会，所以我也必须得有成绩。我那么拼没有别的目的，就是为了自己。

“您有非常多值得我学习的地方，这段时间我也在您身上学会了不少专业的东西，即使有一天我走出去，但是您教会我的东西，我不会忘。”

我这番算是有点言辞恳切的话，最后得到的是副总的打圆场，以及一个劲说自己做得不够之类的客套话，几天之后总经理就发布了部门不增设副总的决议，副总脸上也彻底由多云转晴。

我和副总之间的战役算是由此有了一个转折，至少此后的两年里，她都没有再为难过我。她给我的打分虽然比她自己的手下低一些，却也没有到低于八十分的地步。

我稀里糊涂地成了总经理办公室喝茶的常客，没事儿听听他侃大山也挺有意思。

也许你会觉得我有点傻，为啥不多争取一下。

我这人很保守，也很老实，我很明白，忽悠来的位置，你没有本事是坐不稳的。

对于一个新手来说，我缺少带队经验，更缺少专业知识，这些都需要我向总经理、副总经理学习。如果我争取到了一个高位置，却把自己放在了知识的对立面，这多少有点得不偿失。

我比副总小很多。

我有信心到她那个年纪，绝对不只是做到副总经理，这就够了。

我成长的时间还长着呢，所以不着急……

能被您抢功是我的荣幸

时至今日我都要感谢我的那位领导，能被您抢功，是我的荣幸。

我的成果通过您被大家看到，这是对我的肯定。

失落，一定会有，但是它会督促我，让我看到我和您之间的差距。

也许我做不到像您一样，但是我在尝试努力改变自己，哪怕这个过程是那么漫长，哪怕进步只有那么一点点……

有朋友留言说，领导听了她的建议，之后就孤立她，开会发言的时候说的又都是她当时提的，这让她如何是好？

坦白说，我们都是做下属的，这种“冤屈”可能都遇到过。

我们都希望被人注意到，被肯定。

但是你不要忘了，想出头，就容易招致非议！

不是所有的领导都有大局观，也不是每个领导都能容得下下属的表现。所以被领导打压，有时候真的是领导气度小，有时候也许你要反思自己是不是做得太过分。

《甄嬛传》里的那句对白怎么说来着：“容不容得下是娘娘的气度，能不能让娘娘容下，是臣妾的本事。”如果你还没有让领导容下你的本事，贸然出头，招致非议，你真没什么好抱怨的。

职场里的确讲究表现，尤其是如果你摊上的是一个你觉得“不称职”的领导，那你可能更希望极力表现，去盖过他，并且希望能争取到他的位置。

当然，如果你是这样有心机的人，也算得上是一个励志向上的好青年。

但是，如果你根本没有想向上升的打算，还稀里糊涂地乱表现，让领导觉得你是想要向上爬，之后对你实行一连串的打击和冷暴力，那才真的是得不偿失的事情。

所以，你要表现，就要搞清楚自己这么做的理由。

勇于承担后果，不要怨天尤人。

表现适度，把握机会，也许你会成为给领导脸上增光的下属。

表现过度，也许就面临被打入冷宫的可能……

一念之差，天壤之别。

川叔之前也遭遇过这样类似的事情，但是因为那时候年幼无知，所以还没有什么“不平衡”的心态。

那是我人生里第一份月薪五千元的工作，也许这点儿钱在现在的你看来会觉得要笑掉大牙，但是对于五年前一直拿两三千块钱的我来说，五千元简直是惊为天人。

那份工作可以说是我人生里称得上“转折点”的工作。

所谓的转折点，其实是一个很微妙的词儿，它需要你每隔一年就回望，审慎地总结一番才能找到。也是从那以后，我的人生才从迷茫、不自信，甚至都不知道自己应该干什么的境地，逐渐找到了点儿“谱”。

我当时的领导是一个女的，按现在的说法也算是一个大龄剩女。

整天的工作就是在我对面化化妆，出去约会，隔段时间就哭诉她失恋了……

你指望这样一个人教你，那基本是不可能。

我当时的工作是做一本公司内刊。虽然我之前也的确是文字编辑，但是图书和行业杂志的区别非常大，既然你的上司教不了你什么，你只能靠自学。

大部分的时间，我只能自己偷偷躲在办公室里看资料，找感觉，学着怎么做选题。而挖空脑袋想出来的选题，永远会被部门大领导说的一句“还不够”驳回，之后我的上司会笑靥如花地说，没关系，小川，我们再想，多想几个。

我当时想掐死她的心都有了，多想几个，你怎么不去想呢？想一会你就说头疼或者有约会，留给老子自己加班想……

那时候除了做公司内部的刊物之外，我们也接外单，通常都是广告客户的内部通讯，或者会员刊物什么的，我记得那时候老板谈了一个大单子，在附加的条件里，就有一条是帮客户做一本客户通讯刊物，这么一个没钱的东西被丢到了我们部门。

当时接到的时候我们非常紧张，因为怕做砸了，客户会投诉，于是部门经理带着我们做了一期，反响还不错，我们就战战兢兢地开始全面接手。

每一期的杂志选题都需要做好PPT，去客户那提报。

开始的时候，大家还开会讨论一下定个选题，之后上司让我把讨论的结果写成文本，最后她拿我的文本去做成PPT。

后来她大概是嫌麻烦，就直接丢给我，让我做成PPT之后，她去和客户讲。

对于一个从没做过PPT的蠢货青年来说，这又是一次自学成才的机会。

几次提报都很顺利之后，部门经理在开会的时候表扬了一下我们，说我们做得不错。

我的领导和颜悦色地接受了褒奖，只字未提那是我的成果。

如果说我不记恨那是假的。

但是我在意又能怎么样呢？

我是个新人，还是她的下属，我的职责不就是给她的工作提供辅助吗？

也许领导认为很多事情都是她做的，我只是一个帮忙的角色，但是如果我因为这么点事情去闹，最后的结果能怎么样呢？我被注意到？之后被她整半死。

或者退一万步说，即便把她开除了，我可以坐上她的位置吗？

这个问题我问了自己好久，答案是，不能。

虽然这个项目我做了80%的工作，但是让我去坐她的位置，我不敢。

我不太敢在客户面前讲话，也不敢去谈判，谈要求，协商，还有争取保留我们的想法，这些我都缺少经验和勇气。

当你发现，你不满你的上级的时候，我想你总要问问你自己：既然你不满意，你可以取代她吗？如果不能，那你就好好坐你的位置。

半年后，我提高得非常快，领导基本处于养尊处优的状态了。有时候我做的选题PPT，她都是临去提报的路上才会打开看，现场讲解的时候，有时候她发现这个地方她不懂的，她就会直接让我补充。渐渐地客户对我也逐渐有了印象。

后来领导来上班的时间越来越少，每天到公司露一面就消失了。杂志的事情统统丢给我，我开始在公司认识了很多同事，借助领导的介绍认识了很多撰稿人。开始有了客户对接人的联系方式，偶尔会在网上讨论一下，交换一下修改意见。

有一次去客户提报的路上，领导忽然说她病了不能来了，让我直接带着设计去提报，我就开始了人生里第一次结结巴巴提报的过程。

之后客户的其他部门做年报，希望尝试点新形式，于是就问我，看看我们可不可以接单子。

我打电话给领导，领导说，“可以啊，你自己看着办呗”。

我回来就找了总经理，总经理说，“你可以先接洽看看”。

我把客户的诉求，融合到了当年火爆的电视节目里去做，于是客户很满意。

我和设计沟通了一下印刷成本，最后和总经理商量敲定了一个报价以及底价原则。

之后就是出具协议，经由法务确认，签订合同。

就这样，我人生里第一个十万的单子，莫名其妙地成交了。

季度例会的时候，大老板特意表扬了我们部门，说我们不但完成原本的工作，还能创收，很难得！我的领导气定神闲地站起来发言，侃侃而谈对总经理以及部门其他同仁的感谢。

我在下面默默地什么都没有说，那些感谢辞里，没有一句提到过我的名字。

之后，金融危机爆发，客户压缩开支，广告预算减半，原本的刊物停刊。

我们部门一下子成了没有任何项目的闲置部门。

公司开始裁员，我的领导不幸在裁员之列，还以缺勤太多的理由没能拿到最后一个月的全额工资。为此她还闹得很难看。

我被人力资源总监找去谈话，决定把我调入客户部。

我因为很不擅长和人打交道，所以多少有些别扭。

总监说：“其实我也可以把你一并裁掉，我之所以这么做，就是因为那单十万元的生意我知道都是你的功劳，我觉得你在专业上没问题，在与人交往上还可以向上一步变得更好，我给你这个机会，要不要把握这要看你自己。”

就这样，我的人生开始了又一个转折。

没有改变的人生一定不是精彩的，但是每次改变都会带来成长的痛苦和对未知的恐惧。

时至今日我都要感谢我的那位领导，能被您抢功，是我的荣幸。

我的成果通过您被大家看到，这是对我的肯定。

失落，一定会有，但是它会督促我，让我看到我和您之间的差距。

也许我做不到像您一样，但是我在尝试努力改变自己，哪怕这个过程是那么漫长，哪怕进步只有那么一点点……

不是谁都可以做到像你这样好！

我可以被取代，但是即便做同样的事情，我相信没人会做到像我这样好！

或许，这句话，就是那个叫作“自信”的东西吧！

我从毕业到找到它用了十年，我很笨，我相信你会比我用更短的时间找到。

如果你是一个领导，你喜欢什么样的下属？

你可以说，也可以写几条，之后反问自己一下，这些领导喜欢的东西，你做到了吗？

我不知道别人，但是我觉得如果这个问题问我，我应该会回答：我喜欢有热情，遇到事情不推诿的下属。

我喜欢看到下属每天都活蹦乱跳，精神饱满，而不是一直打蔫像没睡醒一样，开个头脑风暴会，根本没人发言，不是看手机，就是眼神放空没有参与感。我希望有新的任务来的时候，下属会双眼放光说，“这个我太想了解了！”而不是一脸吃了苦茄子的样子说，“啊！又这么多活儿！”

如果你问我这些我做到了吗？

我会很真诚地说，这些我做到了！真的。

如果领导让你交出你的工作，让别人去负责。

领导的命令你违抗不了，但是你交出去工作的时候，你可以拍着胸脯说，这份工作少了你，领导会觉得很不习惯。也许别人迟早能代替你，但是至少短时间内，他们想直接做到像你原本那么好，还没那么容易！

这话，你敢说吗？

如果这话你说着没什么底气，那你得问问自己，在被告知交出一切之前，你到底做了多少，做到了什么程度，是及格还是满分。

坦白说，因为公司、部门、职位的差异性，也许不是每个人都能做到“这个工作离了我不行”的程度。尤其是有的公司很反感“能人文化”，但是你是不是真的用心去做你的“分内工作”？

你做了哪些自己内部的改善？你有对自己的工作总结出什么吗？

我当年交接工作的时候就总结过，我的长处在哪里，我的优势是什么。

也许对于一个方案的细心，是别人可以代替我的，因为这点任何常人只要态度认真都能做到。但是对一个设计的判断、审美，我比其他人都有更多的积累和经验，这些都是别人暂时代替不了的。

所以把这块工作交接出去的时候，我很安心。因为我知道，也许这个项目不是离了我不能转，但是离开我，它也未必会转得有多畅快。

执行力是我自己最大的优势，在后期的职场生活里，面对新工作的态度，我做的是充分调动最大的积极性。所以如果你是我的领导，你能听到我的回答一定都是，“真好！这个有意思！”或者是，“我很早就想尝试看看了！”

也许有人会吐槽我说，那你是不是也太假了点。

其实我觉得，如果你是装兴奋，那就是太假了。

但是如果你是真兴奋，那就不是假。

每个人都很希望最好是什么都不干，公司还给你开高工资！但是那得等到你年纪大了，经验丰富的时候，你能看到别人看不到的领域并且做出正确的决策。

你年轻的时候，不多学习，不接触新的领域，你怎么可能有一天坐到那样一个在外人看来白拿钱的位置呢？

所以，多学习，这本身就是一件好事儿。

在第一任女经理带我的那一年里，有半年的时间都是我加班忙碌的时候，甚至一度工作压力大到一个月连续失眠。这期间也有难过，也有工作上的闪失，也有被批过，被董事长骂过，被总裁责怪的时候。

一点都不夸张，有一次我被总裁骂到狗血喷头，之后还要忍着一肚子怨气去做执行，身边没有同事帮你，那种孤单、委屈，甚至难过很容易让人变得脆弱。

在司机开车带我去现场的路上，我听着他放的那英的《梦一场》，突然觉得好崩溃，就在后面默默流泪，无声哭了起来……

这段经历在后来被我总结成为：什么是培养？所谓的培养，就是给你比别人多一倍的犯错机会！

因为你没有经历，你不可能得到成长。你不比别人多做工作，不比别人多经历，你怎么比别人多提升？

那之后，面对再多的事情，再大的排场我都很坦然，一想到有新的任务，可以学到新的东西，就会很开心，因为这些都是你自身的财富。

经验、资源、客户、模型，这些都是你装在脑子里可以带走的，也是你成长之后谈升职加薪的筹码，那么面对这样的机会，你为什么不开心？你反感个啥呢？

不是谁都可以做到像你这样好！

这句话是曾经我给自己的一句鼓励。

我们自己很少自我鼓励，一方面是因为我们太害羞，另外一方面是因为找不到自己做得出色的地方。

电影《春娇与志明》里，春娇的公司要倒闭了，上司要带一个人去大陆开分店，最后她选了春娇，为什么呢？只是因为春娇在回答上司的问题时，拿出了那本她做的外卖本子，上面按照每个礼拜的特色都做好了标记，甚至还做了不同特色的搭配，而且样子精美。

如果你是上司，你会不爱这么用心的下属吗？

可能在职场里最大的威胁就来自于：我们害怕被人替换掉。

如果被人替换，就意味着你可能要被开除，你在这个公司里没有了价值。

但是在那之前你有问过自己，你的价值到底是什么吗？你以前是否真的把自己的价值发挥了出来？

坦白说，其实川叔随时都在面临着被替换掉的危险。不论是每一年招募来的新人，或者是你因为升职的关系，总要学着放权给下属。

无论哪种，都意味着你要把原来你的工作和别人一起去做，并且尝试让对方做更多。

当对方能代替你的时候，你呢？

这局面只能逼迫着你，去思考更多的东西，站在比对方更高的位置去看待问题。

川叔现在也面临要对下属放权的问题，因为业务需要，我负责的范围变大了，所以我不可能再专注于原来的一个小项目上。那么，我需要把这些东西让位给新来的下属，告诉她要如何做，如何让这个项目运转下去。之后要抽出大部分精力去做新的项目。

而对于老项目，我不能放手了之，一来因为这是自己辛苦打下的江山，不能看着它歪掉；二来，这是体现你价值的时候。

有人帮你做了执行，你就要把眼界放在策划和创意层面。如果下属可以承担全部的策划执行工作，那我要做的就是要帮她把控这个成果，并且参与到运营和传播里去。

这才是我个人价值最好的证明！

不让领导觉得你可以被取代，那就要学会先人一步地思考问题。你总能给领导更大、更新鲜的想法，并且让他看到你已经开始做出成绩，那你就是值得被肯定，并且可以留在这个位置上，可以向上发展的。

我不想做副总那样，守着自己的才华，为了怕别人替换自己，而一直靠打压和排斥来做事的人，如果改日招募到更有才华的人，她该怎么办呢？我不想成为那样的人，所以我只能更大地放宽自己的内心，并且努力提升自己的高度。

我想，如果有一天我辞职了，项日全部交接出去。

那些客户或许会因为产品味道的改变而怀念我，领导会因为当年我很多想法如今没能实施而怀念我，那就足够了。

我可以被取代，但是即便做同样的事情，我相信没人会做到像我这样好！

或许，这句话，就是那个叫作“自信”的东西吧！

我从毕业到找到它用了十年，我很笨，我相信你会比我用更短的时间找到。

从月薪五千到年薪三十万：如何开口提加薪

对我来说，薪水只是证明个人成绩的一部分，人生里或许有很多东西都和工资一样，先做到，之后得到。

没错！这是个标题党的文章。

因为这算不上是一个可复制的故事，可能也谈不上什么跨越和传奇，我本来是想说说如何和领导谈涨工资，后来我觉得如果写上点前后对比的结果，或许会有出其不意的震撼效果，于是就有了这个有点类似成功学的二货标题。

先说说我少年时代一次不太成功的提出加薪申请的经历。

那是来北京的第一年，当时的我还是一个职场小白，关于那段辛酸加班的岁月其他文章里提过，这里就不一一赘述了。

试用期的薪水1700元，公司提供宿舍。我的试用期比别人都长，四个月，还差点一直拖着不转正，因为领导对我的能力并不满意，也放出话说只要找到合适的人我就会被开除，所以这也导致了我日后的职场生涯里会有一种莫名其妙的危机感。

我后来凭借着自己不要脸的精神，一个人做两个职位的工作，还兼顾了助理等杂役事项，以廉价的劳动力换得了安身立命的第一战，四个半月之后转正，转正后工资2300元。

因为住公司宿舍，我一直都做噩梦，梦见被领导通知已经找到合适的人员，把我扫地出门。所以为了可以让自己活下去，我在遥远的昌平租了一间房子，房租800元。

人生里第一次在外租房子，房东是位老师，人还算不错。年少的我忽略了一个问题就是，房租要付三押一，因为以前根本不知道有这回事，一个月拿着两千出头工资的我，即便不吃不喝也凑不够四个月房租，只好央求房东，先交两个月的，下个月再交两个月。

2300元的工资扣除1600元的房租，还剩下700元，这700元要包括吃饭，以及交通费（那时候北京还没有普及地铁2元随便换乘的制度，所以我每天13号线换乘2号线单程就要5元，往返就是10元），眼看着每天都捉襟见肘，我就想到了要提加薪。

我当时太年轻，就直接实话实说，说自己现在入不敷出，希望能加一些薪水，当时工作算是和日本有些联系，领导虽然不是日本人，但是非常有日本人的做派。他用冷漠的眼光看着我说："你觉得钱不够花，你可以搬回来啊！公司为你提供了宿舍，还有你现在的水平顶多算是一个半成品，你的很多东西我都要改，现在给你加薪水，凭什么？"

面对他的问题我无以作答，只好开始接各种文字兼职，勉强维持房租。

这次谈话算是给我的人生上的第一堂残酷课：示弱，没人会同情你，不要站在自己的角度去乞求别人可怜你，要站在对方的角度问问自己，给你加薪，你凭什么！

有过这次不太成功的加薪申请之后，我很多年都没有再提过涨工资这回事，一来是因为工作变动频繁，二来是因为我接了大量的兼职工作，所以每天都很忙碌。

后来阴差阳错地我进入了广告公司，月薪5000元，税后4300元，这份薪水我一拿就是两年，一分钱都没涨过。

2010年，我当时的部门经理要跳槽到我现在这家公司，他找我谈话，说他需要一个下属，问我有没有兴趣。那一年我31岁，过了而立之年依旧找不到人生的方向，即便在这个公司干了两年，却依旧觉得自己始终没有找到自己的路，人生充满了苦闷，自信和薪水一样没有长进。

经理找我谈过一次之后，我说要回去好好想想，于是我回去第一个想到的就是我要加钱，但是加多少钱我没想好。其次想到的是我要变更抬头，哪怕给我一个主管的位置都可以，这时候不提，那估计我要一辈子做员工了。

所以涨工资的第二个奥义就是：时机很重要，你要选一个刚好需要你的时机，但是尺度你需要自己把握。

最后我提出的要求是薪水6500元，职位最少是主管级别。

部门经理说他会尽可能地去争取。

跳槽这种事其实很少有平级移动，所以多数都是人向高处走。我的部门经理跳槽后的职位是公司副总经理，他当时的主力下属只有我，他也很看重我的能力，因此帮我争取到的职位是部门经理，薪水6750元。

我喜出望外，这个意料之外的待遇让我工作起来格外地卖力和认真，唯一有点不好意思的是每次行政部的小姑娘叫我经理的时候，我都会不自觉地脸红，觉得自己配不上这个称呼。

之后的事情有一些大家可能已经知道了，我们空降了一位女上级，任总经理，分管我的直属领导和另外一位女副总，两个女人的斗争从一开始就上演得热火朝天，我的领导一看这宫斗的架势就直接选择退避三舍，期间已经在密谋出国了。

两个女人斗争的结果就是，总经理被架空，手下没有任何兵，因为所有的干将都是女副总的手下，于是她只好和我的上级申请调派我。我上司当然乐得做顺水人情，这可苦了我，薪水没加倍，工作量翻了三倍。

2010年10月，我得到了直属领导要出国的消息，真的是晴天霹雳！

前途渺茫，我第一次有了只能自己拯救自己的想法。

2010年10月，我的薪水依旧是6750元，但是职位却前途未卜。

我跟随总经理跑前跑后已经大半年了，这半年对我来说是一个学习的过程，学习专业知识，接触核心内容，开阔眼界，增长见识，但是带来的负面作用就是工作量成倍地增加。

我原本只是在副总手下负责一个项目，被总经理调用之后不但要把原来的事情做好，还要和总经理一起跟进其他两个新项目，期间还穿插进来公司每个月一次的大型培训的组织策划等工作。

说到工作压力我倒不觉得，只是有一种分身乏术，忙不过来的感觉。

有差不多两个月的时间，我和总经理是全公司加班最晚的人。

就是这样熬着，坚持着，等来的却是直属领导要离开的消息。

我和总经理提出的加薪申请是在副总正式通知我他要出国之后的第三天。

我想了很久，直属领导离开，意味着我原本所在的项目都要我一个人来完成，我把自己目前负责的几块内容做了一个归纳，并且确定自己到底是以什么为主。我的专业能力和经验都不足，在两个新项目上，我现在不可能处于主导地位，如果我因为工作繁重而让原本负责的项目出现问题，我或许也就不能再继续留下了。

想明白这些，我提出申请的时候基本是以退为进的方式。

我和总经理说："您带了我也半年多了，此期间我的做事方式，我的为人相信您也有一个初步的了解，我非常感谢您给我这样一个学习的机会和平台，现在我的直属领导要离开，也就意味着我自己要对整个项目负责。我非常希望学到更多的东西，但是我的精力和时间都很有限，尤其是当我超负荷运转的时候，一定会产生心理的不平衡，所以如果您觉得我和您的配合还算到位，希望您在权力范围允许的情况下帮我调整一下薪资，如果您觉得没办法调整，那我觉得您也可以开始着手招人，这样新人来了，我可以提早和他做交接，大概年底前也就可以将工作交接完毕了。”

这番以退为进的话，归纳一下就是，如果您打算继续让我一个人干一堆活，请加钱！如果您不加钱，那么请找别人。

我自己提加薪的原则是：先做到，之后再去提。这个原则只是我个人的习惯，因为我总觉得，当面对新任务的时候，你不去做，而是直接开口讲条件，首先你会错失尝试的机会，其次领导也会觉得这个员工斤斤计较。

尝试都是有风险的，你让我去做，我可以去做，但是因为我没经验，所以我不保证会做得很完美。

反之，如果你让我去做，我要求加2000块钱，之后还没做到最好，那领导一定会发怒，因为他会觉得自己花了冤枉钱。

在职场里，要的是结果。没有苦劳，只有功劳。

总经理算是一个爽快人，或许也刚好是在用人之际，于是当场拍板，下个月帮我增加一千元的补助。薪水调整她会帮我现在申请。

2010年11月，薪水7750元。2011年1月，加薪申请通过审批，薪水8300元，年度评比我获得最佳新人奖，季度考核分数因为超额完成，总经理给了110分的满分。所以2011年2月，薪水调整为8700元。

一年三次调整薪水，还夺得最佳新人奖，可谓是春风得意。2011年4月，总经理调回集团，新的男老总老孙上任，女副总大权独揽，我就开始了被打压的生活，所以高峰之后必有低谷，做人太得意，就要做好摔倒的准备。

2011年10月，我在被开除的边缘活了下来，历时半年和老孙成了朋友，期间团队扩充，增加了一名副手、一名助理，做事和性格方面也都发生了很大的转变。2011年12月，年底公司30%的人员调整工资，我的薪水单上写的是9800元。

2012年9月，老孙扛不住压力宣布辞职，我被集团收编，薪水按照集团主管岗位对接，税前9600元。

回集团的那段日子对所有人都是个打击，行政人事部的强势，每个人内心的不服，原本队友的相继离开都让我觉得很难过，也很郁闷。

集团的事情琐碎，覆盖面大，内部关系复杂，人际关系微妙，任何一点闪失都会造成不必要的责难与争斗。

我几乎是咬着牙忍耐着，原本的下属每天都是牢骚满腹，我也不知道要怎么安慰他们两个。

集团是一个很讲究计划和战略的地方，这是和原本的下属公司区别最大的地方，之前我们只是要好好干活，现在我们要去设想我要怎么干，未来要如何，这个项目我要达成什么目标，阶段性成果是什么，未来三年的总计划是什么样。

很多时候我总觉得这些都是空话，因为人们常说，计划没有变化快，鬼知道三年后是什么样。但是领导要你写，你就必须要写！每个领导都爱问，明年项目的提高点是什么？

你回答说，“我就好好完成它”，这是肯定不行的，他们希望看到变化，看到方向，希望看到你整合了什么，加入了什么。

渐渐地，我在不断被否定的过程里，开阔了思路，从原本只是做事，做一个项目或者做几个平行项目的角色里，逐渐悟到了如何把项目做分支，做衍生，并且还可以统一整合，彼此互为照应。

我开始写年度策划，战略报告。

2013年2月，原来的部门经理辞职，岗位空缺。2013年4月，我和部门总监提出了加薪申请，薪水调整为12000元，经理最低级别。2013年6月，项目获得了一个全国奖项，连董事长都为之振奋。

这期间我开阔了思路，整合了人脉，做出了成绩，也获得了肯定。

就在我以为一切都顺风顺水的时候，忽然被告知需要临时拓宽负责的范围，9月份需要上马新的项目，原有已经在做的项目要继续保持。

这一临时的变化让人忙得人仰马翻，新项目没有对接人，基本靠我去主导，直接对接总监，成果向董事长汇报，原来的项目人员吃紧，加之其他部门借调人手造成时间结点交叉，整个团队都忙得人困马乏，我第一次有了辞职的想法。

于是到网上发了简历，几家猎头公司的人纷至沓来，面试了两家之后就已经有了大概薪水的判断，于是我把自己的目标定位在月薪两万左右，年薪三十万。

2013年12月，和总监谈加薪，基本上是抱着谈不拢就辞职的心态去的。

坐在办公室沙发上的那一刻，忽然想起九年前那个才来北京不到半年的我，低声下气地和那个貌似日本人的领导小声说着房租太贵，希望能加点薪水时候的样子。想起四年前还没有来到这家企业时，和当时的领导提出加薪时候的那份小心翼翼和没有底气，想起三年前薪水连升三级对领导说的那句谢谢，如今坐在这里，就宛如时光倒流一般，历历在目。

总监是一个非常痛快的人，听我说了一个开头就说，“你的问题我早就考虑过，明年部门会做拆分，你原来负责的项目会做调整，会单独列出一个部门给你带，我现在帮你争取的薪水是一年三十万”。

我当时有点傻，不知道接下来应该怎么去接这句话。

总监笑笑说，“明年你的部门会扩大成六个人的团队，如何带队对你来说是一个新的考验，还有新部门的发展计划，你也要心里有数才行，你可别等我问你的时候，你说你还没来得及想”。

2014年2月，调薪通知单上写着：月薪20000元，季度奖金10000元，年终奖20000元。

四年，我从月薪五千，走到了今天，期间的几次工资调整对我来说都非常值得纪念。

对我来说，薪水只是证明个人成绩的一部分，人生里或许有很多东西都和工资一样，先做到，之后得到。

做你上司不擅长的事

渐渐地我开始摆正了心态，我明白不管我们的私交多好，我们如今就是上下级关系。

我也开始逐渐去做一些对接的工作，防止姐姐因为与人对接又起冲突。我把所有流程类的东西逐渐都接手过来，虽然我也是一个非常不擅长与人交往的人，但是或许就是在那个时候我明白了，为你的上司做补充，做她不擅长的事情才是一个下属存在的意义。

我大学毕业一年后来到了北京，进了一家和日本有点关系的企业，上司虽然不是日本人，但是加班的习性堪比日本人，每天不加班到凌晨十二点，是不会回去的。

那时候所有员工都住宿舍，老大都不下班，谁敢提前走？

我作为一个拿着行李卷儿来京的打工仔，只有遵命的份。

是的！你没看错！真的是行李卷儿！我老娘怕我在北京冻着，

让我带了被子和家里的厚褥子进京。现在想象一下，真有点逃荒的阵势。

当时我这种土老帽的架势除了加倍努力，没有别的活路。

最可怕的是我当时没想到会有所谓的“试用期不通过”这回事，因为大学刚毕业的时候，前后做的两份工作，老板都很好相处，我也不觉得我会差到那个份上，不过就是努力干活而已，这能有啥难的？

可是我千错万错，忽视了“大城市老总”的判断力！

据说当时正逢办公室春节前后集体大变动，后来才听说是当年上司的下属带领团队集体跳槽去对手那，所以才让他仓促地招兵买马。

我当时连面试都没有，只是网络投递了简历，就收到了可以去上班的消息……

可见当年是有多蠢，多容易相信人。

我带着从同学那借来的1500元路费，带着老妈新做的厚褥子卷成的行李卷儿，只身一个人来到了北京。

这个城市虽然之前走马观花来过，但是我在这里没有朋友，没有亲人。

我做好了心理准备：不在这里混出个样儿，绝不回去。

出来，就没有退路。

当然，世事难料，我才上班一个礼拜，就被领导找去谈话说：“你懂日语吗？你知道多少日本文化？”

我内心回答说：您发招聘启事的时候也没要求我必须懂这些啊？

但嘴上只能磕磕巴巴地说：“我虽然不懂，但是我可以学！”

于是上司丢下一句冰冷的话：“那你做好准备，如果我们找到合适的人，随时都会把你开掉。”

这句话无异于晴天霹雳，可以说它是我刚刚就业就面临的第一个压力。

这份压力压得我不快乐，压得我半夜经常会梦见领导说你可以走了，我拿着行李一个人流落街头，之后自己被自己吓醒。

总之在这样一种高压的政策和自上而下的审视下，和领导做朋友？那简直是做梦。

那之后我拼了命工作，因为我知道我唯一可以生存在这个城市的方法就是，靠工作让老板留下我。

之后开始计划着存钱，从公司提供的宿舍搬走，这样哪怕是被开除，至少自己不会流落街头，之后接了大量的兼职，赚钱！

我人生的另外一个机会也就从兼职开始了。

那是我大学时代因为投稿认识的一位杂志社的编辑，当时她在上海，大学毕业的时候我去上海还见过她，彼此并不算熟，但是还算印象不错。我们在北京见面的时候，是在我来北京快一年的冬天，那时候我已经自己租了房子，和几个朋友凑在一起，组建了一家动漫工作室，我负责接洽业务，偶尔也自己画画。

那位编辑大我几岁，所以总是让我叫她小王姐。

小王姐的工作也是很辗转，换了几份之后来到了北京一家出版社，负责的一个项目需要大量的动漫插图，于是就想到了我，我们就在QQ里约好，出来见面叙叙旧，谈合作。

即便过了这么多年我都记得，她当时约我在北兵马司胡同的棉花糖酒吧，我们说起当年认识的种种都感慨万千。

她需要的插图数量非常多，而且时间也很紧，那是一个总价过万的活儿，这对于当年每个月都要为800元房租努力做兼职的我来说，几乎是一个天文数字。

我回去和几个画画的好友一商量，就决定接下了这个活。

之后的几个月，大家都陷入了白天上班，晚上画画，睡眠严重不足的情况。

但是即便这样，我们还是比原本预想的时间落后很多。

为了能按期交稿，我记得当时我们的一位画手春节都没回家，老妈赶到北京和她一起赶稿，最后我们才如期交稿。

这次有惊无险的合作也算是一个良好的开端。

之后我看到她的第一稿排版的时候，提出了很多自己的想法，刚好说中了她内心里最想解决的问题。于是她萌生了想要自己创立部门的念头，就希望挖我过去。

后来我们在社长负责请客的庆功宴上，听到社长提起这件事，并且又说起希望我能过来帮她，我对于原来的工作本来就战战兢兢，加之那时候工作室因为一些原因最后不得不解散，索性我就到这边来上班。

就这样，我的这位姐姐，从朋友变成了甲方，从甲方变成了后来的上级。

如果说，上一家公司，那位严苛的上级教会我的是如何克服压力，努力工作的话，那么这位姐姐教会我的更多的是如何学会与人沟通，细致耐心地处理层层障碍。

过来后不久，因为缺人手，所以我又把原来工作室那位春节加班的画手也拉了过来，我们三个人在一个最小最冷的办公室开始了所谓的“创业”。

或许因为年龄相当爱好一致，所以办公室被我们布置得和游乐园一样。门口的小黑板上每天都会有我和那姑娘的涂鸦。

可惜这样的日子并没有持续多久。

原来的项目经过我的改版之后变得已经很符合姐姐的要求，但是出版社的老总并不看好，图书的开印数并没有预期的多，而售卖的情况也没有我们预期的好。

因此我们必须要开展新的项目，要和其他的部门有一些合作和联系。

小王姐虽然外表很萝莉，其实脾气非常火暴，她有着很不错的外企背景，所以自然是一直都看不惯国企这些老员工的做法，一旦有不合她心意的地方必然会咄咄逼人地进行反击。

其他部门的人都怕她，她也不怕得罪人，但是我们这些做下属的可就惨了，总会在一些小事儿上被人刁难。

每次她和社长争论问题，一旦谈不拢，就会非常火大，回到办公室之后还依旧气愤难平地借助摔东西来泄愤，我们俩小下属通常都会被吓得噤若寒蝉。

坦白说，姐姐这个人非常不错，她教导我的逻辑思维、大局观看待问题的方法在日后对我都非常有帮助，只可惜她太容易情绪化，又因为有外企出身的背景，所以很容易有一种屈才的感觉，因此一旦事情不合意，她就会发火。

渐渐地我开始摆正了心态，我明白不管我们的私交多好，我们如今就是上下级关系。有些事情她真的很想极力表现，但是她太容易自信，所以受不了一点打击。

因此与其他部门打交道这种事如果指望她教我们那是不可能的，而如果模仿她为人处世的方式，估计只会让我死得更惨，一来是因为她有资格，二来是因为她有一部分的人脉关系，所以她如何闹都没问题，但是我们这些做下属的，不但没关系，也没资格。

于是我开始尝试做一些沟通和融合的工作，寻找和其他部门的沟通方法。

我开始逐渐学会走出部门，多和其他部门的人去做联系。

和不同的人打交道，建立最起码的直观良好印象。

我也开始逐渐去做一些对接的工作，防止姐姐因为与人对接又起冲突。我把所有流程类的东西逐渐都接手过来，虽然我也是一个非常不擅长与人交往的人，但是或许就是在那个时候我明白了，为你的上司做补充，做她不擅长的事情才是一个下属存在的意义。

渐渐地，姐姐说我变了，变得客气了。

我笑说，没有，只是长大了而已。

她说我变得比以前爱说话了。

我说，那些同事大家抬头不见低头见，总是要打个招呼的。

有些人的性格可以改变，有些人的性格或许一辈子都改不了。

我原本以为我在少年时代的坚持，就是自己所谓的“个性”，可是身边活生生的例子告诉我，你在没办法改变环境的时候，最好的办法就是改变自己的心态。

我把姐姐当作我自己的另一面镜子，时刻提醒我，不要像她一样……

几年之后，我已经转行进入了广告公司，她也换了一个不错的出版集团，她有一个新项目上马，希望我过去帮她，我笑笑说，我还是比较喜欢目前这个行业。

她忽然感慨地说了一句："小川，我真的觉得你长大了，以前你做我下属的时候我就觉得你是一个特别有韧性的孩子，现在我觉得你比我强，所以你不乐意在我手下我也能理解。"

我笑笑说："看你说的，我到什么时候都是你的好弟弟，都是那个在上海找不到路一直打电话问你的那个小孩子呀！"

我说那句话的时候，忽然觉得时间的光影从咖啡杯里升腾出来，在墙壁上如电影般投下很多当年倒叙的画面，我们俩面对面的咖啡茶座不过几十公分，但或许是我变了太多，或许是她变的太少，明明感觉坐得那么近，却又离得那么远……

没人能教你一辈子

我总觉得，他已经教给我太多东西了，他不会一辈子都教我，我自己的路还要靠自己才能走下去。哪怕真的有一天我要求助他，那也是我已经做好了全部的修行，希望能有一个更好的发展平台，而不是一身落败，如丧家犬一样求他收留。

要记得，你让别人帮你，一定要先看看自己身上到底有多少价值，而不是一味地扮苦情求怜悯。

坦白说，如果从我在这家企业算起，我迄今为止已经换了四任领导。

四年里换四个领导，如果用过去的朝代论来说，我也算是经历了四朝的老臣了。这期间我从一个根本不懂职场为何物的小青年，逐渐晋升到可以带队的一个小头目，这几任领导都或多或少起到了促进作用。

今天我想说说其中一位，虽然他当我领导时间不算是最长的，但是他是让我学习最多和成长最快的，也算得上是我的启蒙老师，他就是之前大发雷霆的那位。

姓孙，我们当面叫他孙总，背后都叫他老孙。

老孙是一个“空降兵”。

每个企业里都会有这样的空降兵，他们受命于危难之际，以齐天大圣的姿态降临，以拯救、改造团队为己任，他们有显赫的身份背景，还要历经人力总监、总裁、董事长层层过堂之后，才得以上任。上任之后除了面对团队里的老油条和刺儿头之外，还需要想办法融入团队，带领团队。

所以做空降兵不但考验一个领导的团队领导方法，也考验一个人的人格魅力。

老孙到任的第一件事儿是做民意调查，从副总到部门负责人分别谈话，用最短的时间了解情况，确定杀鸡儆猴的目标。我当年因为副总对我怀恨在心，所以很自然地位列被“杀”的黑名单。

所以有了后来大发雷霆的那一幕。

不过好在当年销售总监成了第一个忍不了委屈，受不了气的人，所以率先离职了。

我也就因祸得福从“该杀”变成了“待定”。

老孙上任的第二招是紧接在民意调查之后的，叫作收买人心。

咋收买啊？就是和高层为大家争取权益呗！结果就是每个人每个月有了八百大元的补助。作为一个领导，最大的本事不是干活，而是要画饼。

什么是画饼？就是企业里常说的，讲愿景！

跟着哥有肉吃！凭什么让你相信我呢？先给你点碎肉和骨头汤，你喝着觉得美了，那么只要我们一起努力，吃肉的日子还会远吗？

当然，普通员工在乎的是钱，像副总那种可能在乎的是权，如何短时间内把这些人的主要诉求分清楚，并且分配给每个人不同的期许，这就是领导的本事。

当然，那个时候的我还不知道这些门道，这些都是日后我做了领导回想起来，才恍然大悟，总结出来的。

老孙最后的一招叫作——招兵买马。

队伍想有变化，新人的加入是必不可少的，新人加入对老员工是一个绝对的冲击，也是一个鞭策。

都说新官上任三把火，开除员工是每个新领导都会做的，杀鸡儆猴，树立权威，谁不幸成了炮灰，别怪领导，只怪自己太不注意，人品太差。

但是你别忘了，杀人是有限度的，领导的上面还有领导，大领导花高价把你请来，不是为了让你把员工都杀了来个大换血的！当然，也不排除方法单一的领导会这样做。

大换血是一个最容易调整队伍状态的方式，但是绝对不是最好的方法。

一个老员工对企业的价值和忠诚度，很多时候远远大于他对企业的贡献，贸然换掉太多老员工，不但涉及赔付的问题，也会不得民心，还会在考核你的领导面前失分，觉得你只会换人，不会领导。

要记得，空降兵的前三个月可是述职的关键期。

所以扩充队伍，招募新兵，一来可以安插自己的老部下，二来可以给老人动力，还可以潜移默化地进行新旧交替。

至于如何争取权限，扩大编制，那是做领导的又一门学问，这个我至今也没学会。

总之呢，老孙的这三板斧最后造成的结果就是销售总监走了，我从死刑变成了待定，他招募了一个老部下来坐销售总监的位置，又引入了三个新兵，扩充了人手，还做了授权管理，打散了原有的部门划分，实行平层管理，除了销售以外所有的部门都归副总管，他直接带销售，听副总对他汇报。

老孙本来就是销售出身，十几年的销售经验和人脉造就了他看人稳准狠的眼光，授权给副总既满足了副总的虚荣心，也让自己抽出身，可以利用自己的强项做出成绩。

试用期的90天，安抚团队是没办法和董事长述职的，只有做出成绩才是根本！

就在老孙带着销售总监组建团队的同时，我这边也开始走上了紫薇格格对容嬷嬷的漫长受虐之路，各种状况因为之前提到，因此就不再一一细说了。

那时候的我还达不到现在这样，可以看懂这些事儿，只是觉得现在换了领导换了天下，自己成了姥姥不疼舅舅不爱容嬷嬷扎小针的对象，那么活下来，做好本分事儿是存活的必要和根本。

好在当初我负责的三个项目，有一个是我的长项而且旁人代替不了。

在其他两个项目被接收，分权的时候，自己还算是有这么一个可以安身立命的活口。

当然，我也曾暗黑地推测过，分权这一招可能是老孙示意副总这么做的，毕竟一个团队里，任何一个员工成为所谓的“重头戏”，这都是管理的缺失和警示，万一这个人离职，所造成的损失必然是无法估量的。

所以如果换位思考，我肯定也要先把重要的事情接管过来，如果发现有无法接管的，那直接可以把这个部门的项目推出去，退回集团或者和其他组合并。

总之呢，当时还是小角色的我在忍耐住强大的心理压力的情况下存活了下来。

积极调整了心态，把项目交接做好，尽量避免在工作期间释放抵触情绪。

对于一个没有任何背景，也没有什么朋友的新人来说，实属不易。

后来事情出现了转机，一个我已经交接完毕的项目发生了常识性错误，因为对接人的不专业导致了印刷品的全部作废，无法使用，我也因此获得了项目参与权。

之后，另外一个项目因为我参与的过程太多，专业人员也一直招不上来，所以老孙就希望直接接管，和他开会的次数多了，我以往的经验和专业也就显露出来了。

所以退一步说，领导留下一个人，除了他的态度很重要之外，还有一个就是，他到底有没有价值。

没有能力，只是混吃喝的人，想要留下真的需要极高的情商和人脉。

总之最后的结果是：我自己负责原来的项目，和老孙一起负责这个项目，直到完结。期间交接的那个项目所有和设计相关的东西最后我都会过一遍，给个意见。

这期间我自己的团队也扩大了，招募了一个副手、一个助理，当然，这也不排除是老孙在我身边安排的准备随时取代我的人。

一向都是单打独斗的我忽然有了俩小弟，这感觉有点不太一样。

因为我一向都不太会带人，也不知道怎么做一个领导。

我总觉得，大家都是来干活的，不用分什么上下级，大家一起把活干好就行！

但是我错了，而且大错特错。

给你配备下属，就意味着你要承担更多！

这不是说原来一个人的活现在两个人做，每个人都轻松一下，那是绝对不可能的！领导又不傻，那是最大的人力资源浪费。

加人给我，是为了让我把更多的精力拿出来去开拓新的项目，这势必会涉及如何给下属分配工作量的问题。坦白说，我因为没经验而且把事情看得过分简单，以至于这件事我处理得极其失败。

一旦有摩擦势必就容易产生隔阂，负责的范围不一样，个人的发展意愿不一样肯定会造成目的和结果的不同。

我是那种希望可以做事，希望可以多接触新领域的人，但是并不是人人都像我这样想，如何站在对方的角度去沟通问题，如何抓住对方的关注点，而不是你自己的关注点，这成了我至今都在研究的一个课题。

那段时间我非常苦闷，工作派发不下去，我又是一个很念旧情优柔寡断的人，所以不喜欢用开除来解决问题，这就造成了工作分配没有进展，上下级关系紧张。

最后我实在没办法只得向老孙求教。

我们的朋友关系也是从这个时候开始的。

我记得老孙和我说的第一句话是问我："你对于新项目的开发很有兴趣，所以你需要把原本负责的项目交给副手，对于你来说有新的东西你很兴奋，但是对于副手来说，你觉得这个消息对他来说意味着什么？"

我顿了一下："意味着工作量要增加。"

他说："对啊，不涨工资，工作量还要增加，所以他有反弹情绪是正常反应，你要让他多干活，就必须给他一个多干活的理由，比如你敢说如果他干得好，你可以把你现在的位置给他坐吗？"

我想了一下没说话，其实我当时第一个反应是：他坐我的位置？那我干吗？

老孙走到窗边的茶几前，笑笑对我说："来来来，别急，先喝点茶，我这人什么都不好，就爱好喝茶，刚好有朋友新带来上好的碧螺春，我泡一壶你尝尝？”

后来隔三差五老孙下午空闲了就会叫我过去喝茶，每次边喝边听他侃大山，讲过去的丰功伟绩，讲自己在各地发现的好吃的馆子，好玩的地方。

我这人很笨，也不懂茶，心眼儿小，爱较真儿，一旦受挫就很容易上火加自我否定，但是好在我有一点长处就是爱学习。

我活到三十多岁，从来没做过领导，连最小的三人小组都没带过，我以为大家用心办事目标一致就好。我之前的几任领导，我在做他们下属的时候也没觉得当领导有多了不起，但是在老孙这，我觉得我很佩服他，或许这就是所谓的领导魅力吧？

没做过领导，那么就学着怎么做领导。

我身边没有可借鉴的对象，那我就从模仿老孙开始。

在老孙没带我之前，我是一个性格偏内向的人，喜好安静，不太擅长和人打交道。虽然做了这么多年工作，但是很多时候都是甲乙方的那种公事公办，我不太会和下级聊天，不太会和配合部门的人相处，也不太知道怎么去和其他平级部门的人交流。

不会，没关系，好好学呗，从头开始学。

我的变化基本是潜移默化，而且是发自肺腑的。

我觉得老孙就是一个好领导，我希望成为他这样具有领导魅力的人，那我就完全拷贝他。最先拷贝的是爱好，老孙爱喝茶，我也开始喝茶，虽然说即便到了现在我也说不出啥门道，但是我们家现在茶叶算是极其丰富了。

老孙爱养生，我就买了本《黄帝内经》，开始看一些所谓专家出的养生的书。

渐渐地，我们在喝茶的时候有了共同的话题了，我也知道什么是红茶，什么是绿茶，金骏眉和大红袍的区别，什么季节要喝什么茶，不同的茶会有不同的泡法和程序，生病的时候喝哪些茶，等等。

偶尔聊起什么经络、穴位，我也可以插嘴说上那么一两句，腰疼、失眠用什么方法会立刻见效。

其实，什么叫作朋友？我觉得朋友就是“有的聊”。

没有共同话题，或者压根什么都不知道的人，是很难聊的。

我从爱好到生活习惯，包括他对禅宗的一些热爱，包括打坐，我基本上都吸收了个遍。除此之外他的言谈举止，一言一行，我都细细观察，他是如何对待同事的，如何开会的，如何对待下属的，对待男生和女生的区别是什么，人多的时候他会说什么话题，人少的时候他会提什么。

随着新项目的拓展，我们开始跑市场，见客户，和一些合作商吃饭、喝酒、提案、开会，很多时候我都不太讲话，就一直看他在酒桌上，在客户面前，在会议里，在提报的过程里是如何表现的。

人想改变自己很难，但是你想学习和总结很容易。

随着和老孙越来越熟，也随着我对他的模仿和了解越来越深，我们俩会越来越像。

当然这种像也只是表面上的而已。

没有人可以完全放弃自己变成另外一个人。

但是至少从表面上看，我已经不再是早年那个不会聊天、没话题、性格内向的小川了。

这个过程历经了两三个月，中间我一度觉得自己很挫败，因为你每天都有一种画虎不成反类犬的感觉。加上我又是那种挫败感很强很容易自我否定的人，我每次都在提报的时候，或者说某个事情的时候，一旦不到位或者没成功，我都会想：如果是老孙，他会是什么样的效果?

这种比对的结果是显而易见的。

直到某天我忽然想开了，决定放弃模仿，因为我找到了原来的起点，我模仿老孙不是为了变成他，而是为了要成为一个领导。可能我一辈子都无法做到像他一样，但是那又有什么关系，至少比起过去的我，我已经前进了一大步。

我有我擅长的，也一定会有我的魅力。

新项目的拓展并不理想，市场的反响远比我们想象的严峻，集团给的任务压力却每个季度都在增加，人员开始流动，人心开始浮动，因为计划指标没完成，我们的季度奖金被取消了。我记得公布这个消息那天，其实大家早就从行政人事部那听说了，只是所有人都在等着老孙来宣布。

我记得那天老孙说请大家吃饭，还没开始动筷子，他先倒了三杯酒，之后说："各位兄弟，今天我有个事儿要说，集团给我们的任务每个季度都在加码，情况大家都知道，我也知道我们每个人都在拼了命地去完成，但是结果还是不能达标！这三杯酒是我老孙向大家的赔罪，对不起各位兄弟，这个季度的奖金大家拿不到了，我自罚三杯！"

我这辈子接触的领导不多，但是敢于承担责任的领导，老孙算一个。

那天酒量一向很好的老孙吃到一半就中途离席，吐得稀里哗啦，我们都知道他是心里堵得慌。

没有季度奖金，团队无一人离职，但是集团开始抽调人手，一时间好不容易稳定的情绪又开始躁动。原本一向关系不错的女副总，这时候忽然翻脸，不但以极大的抵触情绪不工作，而且还四处散播公司快要倒台的流言。

原来的行政负责人被调回集团，副总也在积极托人找门路调回集团，我这时候也接到了集团负责人的询问意见，表面上看起来坚固的团队，就犹如开春的冰河，谁也不知道什么时候会一触即发、土崩瓦解。

我在喝茶的时候和老孙提起集团负责人问我意见的事儿，他明显很紧张，之后找我谈了三次，内容都是大同小异，无非是和我说，看得出我是想干点实事儿的人，他也会给我平台和机会，跟着他我会学到很多。

那时候的我想法很单纯，我觉得我很尊敬老孙，甚至有点崇拜他，所以肯定会跟着他干。

后来我直接和集团负责人表明了态度，我说孙总很不容易，我还想跟着他干一段，我可能太年轻，思想不成熟，但是我还是希望能在子公司好好磨练一下。

就这样，我拒绝了集团想调我回去的好意，第二季度依旧没有季度奖金，副总终于找到了契机调回了总部。老孙很受打击，但是依旧强颜欢笑。

老孙没能熬到第三季度，就决定辞职了。

大家都说他是承担不了集团给的压力，我觉得或许他是承受不了这些手下人的心情压力吧！

那种成为众矢之的，成为目光焦点，成为所有人希望的滋味一定特别不好受。

他开会和我们宣布这个消息的时候，看得出他有一种解脱。

当天下班他请我们全员去KTV唱歌，自己率先开场唱了好几首花儿乐队欢快的歌曲，最终却还是在中场没忍住流下泪来。

临散场的时候他在我耳边说："你放心，等我找到合适的工作，我回头挖你过去！"我冲他点点头，拍了拍他的肩膀。

国庆节后，集团高管开始了对公司员工的收编和安置工作，所有收编回集团的人员都被降级降薪，我也从原来的部门经理变成了主管，薪水少了一千块。

我当时去追问的时候，人力资源总监语重心长地对我说，"那时候调你回来，你非要坚持留下，你那个时候回来，我们一定是按照上限给你调整工资，你现在是公司解散，我们收编，所以肯定是按照下限给你做对接"。

全员十三个人，在收编后的一周里，辞职了十人。

一年半以后，目前只有我还留在这里，并且刚刚晋升为新部门的负责人。

我后来没有联系过老孙，哪怕是最苦最难熬的日子都没有打过他的电话，我的两个下属集体辞职的时候，我也想过辞职放弃，但最后依旧是咬牙挺了过来。

有老同事曾经劝我说，你要是挺不住了，就给老孙打电话，让他帮你安排。

我总是笑着说，那么珍贵的机会，不到万不得已，我哪能随便用啊！

自古商人重利轻离别，我不敢说老孙对我有多器重，但是我总觉得，他已经教给我太多东西了，他不会一辈子都教我，我自己的路还要靠自己才能走下去。

哪怕真的有一天我要求助他，那也是我已经做好了全部的修行，希望能有一个更好的发展平台，而不是一身落败，如丧家犬一样求他收留。

要记得，你让别人帮你，一定要先看看自己身上到底有多少价值，而不是一味地扮苦情求怜悯。

你会开除谁？西游记里的团队哲学

面对沙僧型的领导，你要表现出你的创意和沟通能力；

面对八戒型的领导，你要表现出你的踏实和勤奋，偶尔他需要创意的时候，还要适当给予补充，并且要把功劳归他，这样你才不会挫伤他的虚荣心，不致招来妒忌；

面对孙悟空型的领导，你要提高自己的效率，同时要帮他把控细节，充分磨练自己的情商，做到点到为止，查缺补漏。

好朋友呆呆最近换了一个工作，新单位在行业内算是鼎鼎有名的企业，平台不错，待遇也不错，唯一的问题是，她觉得她的经理是个二货，用她的话来说，他就是一个没本事，说大话，只会溜须拍马，跑来混饭吃的人。

尽管我一再提醒她，这个人是你的上司，不论你有多严重的不满情绪，都要尊重他。但是无奈呆呆是一个白羊座的姑娘，简单直接，冲动热情，根本掩饰不了情绪，一次她又因为一件小事和上司闹得极其不愉快，就打电话向我诉苦。

我正躺在床上听着广播，听完她的一番慷慨陈词、罄竹难书的论调，我就问了她一个问题："你看过《西游记》吗？电视也好，小说也好，那里面的几个人物你应该都知道吧？如果你现在是一个团队的领导，现在摆在你面前的是这个团队里的师徒四人，要是开除一个，你会开除谁？"

唐僧，看着最没用，没本事，也没法术，但是他为什么可以做团队的领导者？因为他有管理的手段和方法，你看他对孙悟空可以用紧箍咒，对猪八戒只是训导，沙僧他基本上都不说什么，对于不同的人他有不同的策略和方法。他敢于承担责任、接受任务，西天取经这么艰难的任务，他可以从头到尾、始终如一地坚持目标，不曾放弃。而且他在处理和上级以及外援的关系上，也都层次分明、井井有条，所以每次到关键的时候，才会有各路神仙出手相救。换句话说，领导可以不是专业人才，他或许什么都不懂，但是他懂得怎么管人，这就是他的本事。

孙悟空是取经团队的主力成员，用现在的话来说，他是一个专业人才，技术力量过硬，优点突出。但是，缺点也很突出，这种人很容易恃才傲物，不服管教，他可以自己完成任务，但是团队协作能力极差。换而言之，他只能带领和他一样性质的人来组建团队，却没办法容忍和他不同的人在他的队伍里出现，做事急功冒进、好大喜功，团队里缺了他不行，但是让他带队也不行。

猪八戒，几乎每个队伍里都会有这样的人，爱说爱笑，油嘴滑舌，靠着两片嘴皮子的甜言蜜语也能混得一碗饭吃，这样的人不管你有多看不起他，但是你不能否认，有他存在的确可以调节团队的气氛。缺点是专业能力不强，而且言多必失。

沙和尚，每个团队里最不起眼儿的那种人，闷头干活，到点下班的劳苦大众，勤勤恳恳，兢兢业业，他们存在感很弱，自动站到被人领导的位置，做员工合格，但是向上发展的潜力很小，这样的人团队离开他就没人干基础的工作，但是这样的人太多了，整个团队的士气和创新性就会下降。

这四个人，如果让你去掉一个，你会选择去掉谁呢？

呆呆想了想说，如果非要去掉，那她会去掉猪八戒，因为这样至少从业务的角度来说，孙悟空还可以和沙僧配合，只是团队的氛围会弱一些。

我笑着说，或许到时候就不是团队氛围的问题，很可能整体协调性都会变差。

猪八戒的作用是团队的万金油和润滑剂，冒进的孙悟空和平庸的沙和尚他们不可能在一个层面上对话，存在感很弱的沙和尚对于业务精英会有一种惧怕和自卑，而有点目空一切的孙悟空很容易会对沙和尚的保守老实无法容忍。所以，如果团队里缺少猪八戒的上下衔接，那么团队的配合和协作就会出问题，作为领导的唐僧在沟通上的成本就会加大。

那么，现在我们把问题修改一下，虽然我刚刚说唐僧是不错的领导人选，但是并不是每个企业都能请得起唐僧这种人才，也不是每个人都能成为唐僧。假设说，现在推选新的团队领导人，在孙悟空、猪八戒和沙僧这三个人当中推选，你猜结果会怎么样？

呆呆笑着说，还能怎么样？就是一团乱呗！

我在电话这边接着说，乱归乱，但是乱的结果是不一样的。

如果是孙悟空做了领导，他会闲不住，这种专业型的人才做领队，他很容易把团队变成两个结果：第一种，他会尝试把其他两个人都改造成他这样；第二种，他会选择把这俩人都换掉，重新招两个像他一样的人进来。这种冲劲儿很猛的团队，一旦犯错也必将是无法挽回的重大损失。

相反，如果是猪八戒做了领导，这会比较麻烦，因为他的目标性不强，专业性也不够，你让他在团队里和稀泥还好，一旦独挑大梁，他势必面临一个最大的管理难题，那就是他可能管理不了孙悟空。那么为了树立权威，他很可能会先换掉孙悟空，再招募一个沙和尚一样的团队成员，因为这种等级的至少是他可以管理得了的，他的虚荣感才会得到满足。

最后，如果是沙和尚做了领导，他或许还是之前干什么后来还干什么，放不下手里的业务，就会导致整个人一直埋在事情里，当你困于一点的时候，你就无法着眼大局做出决策，而且他会因为自己过分弱的气场，导致两个下属都不会把他放在眼里，最后的结果很可能是孙悟空跳槽，猪八戒怠工，所有的事情都是他一个人在做。

说到这我停了一下，其实这四个人代表了四种层次，每个层次都会有各自的优缺点，如果你觉得你的领导没本事，但是他还可以坐到领导的位置上，那么他很可能就是猪八戒型的领导，这时候你一个劲地急功冒进、恃才傲物地表现自己，去做那个在他面前蹦蹦跳跳的孙悟空，那估计你会死得很惨，因为不论你的专业能力多突出，你都不见得是无法取代的。态度决定一切，态度甚至有时候会高于能力。

沙和尚拼的是勤奋，猪八戒拼的是情商，孙悟空拼的是创意，不论我们从哪个点起步，都要把这三点串联起来，最后成为一个合格的三藏型的领导者。

咱俩这种在别人手底下打工的小弟，我们除了要分析领导是什么类型之外，也要明白自己现在正处于什么类型。我们只有积极转换自己的身份，为领导的短板补位，这样我们的上升空间才会大，提升才会快。

面对沙僧型的领导，你要表现出你的创意和沟通能力；面对八戒型的领导，你要表现出你的踏实和勤奋，偶尔他需要创意的时候，还要适当给予补充，并且要把功劳归他，这样你才不会挫伤他的虚荣心，不致招来妒忌；面对孙悟空型的领导，你要提高自己的效率，同时要帮他把控细节，充分磨练自己的情商，做到点到为止，查缺补漏。

你不这样做，对于一个初来乍到的新人，你在这个团队存活下来会很困难。

退一步讲，能成为领导的人一定会有他的过人之处，你现在没看到，只是因为你一味着眼于自己的长处，并且一直拿自己的长处去和领导的短处相比较。

要学着去欣赏他，找到他的优点，这样你才能学到东西。

呆呆似懂非懂地挂断了电话，也不知道这番话她听进去了多少。

隔了几天她很兴奋地在QQ上和我说，她终于发现了他们领导的一个优点，她提交的PPT，被领导一修改就变得高级了许多。明明都是一样的方案，他只是换了图片，调整了次序，一下子就变得清晰明确，而且高级了许多。

我连忙顺水推舟地说："这就是他比你强的地方啊，首先他很明白领导要什么，其次能把PPT梳理得很清晰的人一定是逻辑关系非常到位的人，这点就是你所欠缺的，调整图片修改间距这种事，说明他内心还是有一定的审美和要求的。你看，你只有多观察，多研究，才能发现这些。"

最后这个姑娘很开心地去工作了。

其实这套所谓的《西游记》团队哲学，没有什么依据，我把自己这几年遇到过的领导，尝试着总结出来而已。

我用这几个人物随时提醒自己，我目前的短板在哪里。

专业能力，沟通能力，领导力，我还缺多少课程？

面对下属和上级，我是否有过恃才傲物？我是否表现平庸存在感过于弱？我是否给人感觉沟通太过以至于言多有失？

我在内心里，始终把作为领导者这件事看作是一件很神圣很高深的事情，做一个富有领导魅力和人格魅力的人，或许是需要我花上更多时间去思考的一件事情吧！

那些难管的下属们

他听完之后沉默了好久，最后说，“或许我不是你，也做不到和你一样，我只是想找个普通的工作，拿着稳定的薪水而已”。

我听完这句话愣了好久，直到手上的香烟快燎到手指才发现。

这事儿我一直犹豫要不要写，因为我觉得挺丢人的。

很多人看了我的文章后，都觉得川叔是职场导师和闲人马大姐的混合体，面对如此“高大上”的定位，现在让我自揭伤疤，这样真的好吗？

我不知道现在看这篇文字的人有多少是当个小头目的人。

我也不知道现在看这篇文字的人有多少目前还是个下属。

我今天想说的几乎没有什么成功的管理经验，只是一个菜鸟上司和他领教过的几个难搞的下属。

你或许借鉴不到什么经验，但也别对号入座，因为说的不是你，只是刚好和你很相似而已。

我在三十一岁之前没做过领导。

在广告公司那会儿也没有清晰的上下级关系。

大家都是好哥们，好兄弟，连我们的老板都经常和我们一起开会扯淡打打闹闹，所以基本闲散惯了。

来这家公司后，部门的下属是原来公司带过来的，一个做设计的小伙子。

因为薪水待遇和个人发展等问题，最后离职了。

招聘了一个新的设计，是个小姑娘，很好说话，所以也没想过有什么上下级的概念。

我自己对待上司是很明确自己位置的，但是面对下级其实我没那么多想法，就觉得大家都一起工作，挺好的。

风云际会，不到两年我换了三个直属领导，到老孙的时候，我被获准招募一个可以分担我工作的下属，也就是从那时候起，我开始磕磕绊绊地学着怎么去做一个领导。

一个合格点儿的领导要会看人。

坦白说这点我至今都没学会。

所以才会招募到一些不太靠谱的人，从而引发了一些啼笑皆非的故事。

管理是一门艺术，你招募进来的人，要让他适应环境，生存，还要让他有目标，有活干，还要让他觉得在这里有成就感，这真的太难了。

如果说我的第一任下属是那个设计的小姑娘的话，我那时候基本就是完全放权。

她有足够的专业性，几乎不需要我过多指导，我只要明确我的标准，她就能给我一个满意的答案，那这个就是让我非常满意的下属了。

能力强，稳定，事儿少。

第二个下属是招聘进来的。

在他之前我见过至少不下十个面试者，先后遭遇过什么迟到，忘记面试，到时间打电话不接，不带资料和文件，没有毕业证，说前东家坏话等等奇葩的面试者。

后来我在一个QQ群里说这件事，一个见过几面的人就搭话说：“要不我去你们那吧！”

我看完他的简历觉得能力方面还算可以，但是这种半生不熟的人进来之后其实是非常难管理的，因为你和他都摆不准自己的位置。可惜那时候我还不知道这个道理。

最容易犯的错误就是公私不分。

因为大家之前算半熟，那么他刚进公司的时候免不了凑个热闹，一起吃饭，扯扯淡。我的想法是让对方消除到一个地方的陌生感，却忘了这会容易让对方在内心里没把你当作一个上级。

坦白说，一个巴掌拍不响，造成这种状况我至少有百分之五十的责任，也许从招聘这种半熟的人开始就是一个比较危险的选择。而开始我又假装热络地走亲民路线，后来再拉开领导位置也一定会很难，而且彼此都难以接受。

这个局面直到后来我被要求帮他收个快递，被他在QQ上肆无忌惮地开玩笑，开会和分配任务的时候他会直接和我对着来，等我意识到的时候已经晚了。

坦白说那时候有点苦恼和焦虑，你的下属不服从你的管理，这从一个侧面证明你做上司很失败。

我印象最深刻的是，他写了一个专题文章，我觉得内容太浅，而且里面很多都是网上的资料拼接，我觉得这个稿子不行。他却直接对我说："你觉得不行？你又没找资料你凭什么说不行？"

后来没办法，我只好把稿子发给当时的副总和总经理看，直到总经理出面说："我在那家企业呆过，你这些资料很多地方都不对，而且内容比较浅，都是道听途说，我觉得这稿子不行。"

他这才算服气。

那时候因为负责的内容范围扩大，我需要把一部分工作任务做切分，当我决定把原本我负责的项目一半都切给他的时候，他直接反问："这些给我，那你干什么？"

我当时就火冒三丈，直接对他说："我干什么轮不到你管，你来工作就是要分担我这个项目的工作量的。"

然后他直接吐槽说，那要是这样他就不做，合同上也没说必须要他负责一半的东西。

我直接就无语了，脸色铁青地走到总经理办公室，开口就是我要开人。

老孙一口答应说："可以啊！你找到下一个合适的人，就可以直接把这个开掉。

"不过你要想好啊！这人是你招进来的，我允许你说这个看走眼，但是下一个你还说不好用，那我可就怀疑这不是人家的问题，而是你的问题了！"

老孙说这话的时候眼睛是笑的，茶碗里氤氲升腾的蒸汽都阻挡不了他冰冷的目光里透出的寒意。

那一刻我才清楚地明白，或许这不是别人的问题，而是我的问题。现在，我需要的是如何解决自己的问题。

磨合是一个痛苦的过程。所有的磨合都一样。

我要让下属跟着我干得明白，放心，但是我自己还没整明白很多事儿，我怎么能让他们明白？

我觉得我是一个不称职的上司，我没这个资格。

那个项目最后还是以我七、对方三的状态持续进行着，对外沟通联络的事情占据了我很多的时间和工作量，有一段时间我总是加班到很晚，有一次同事走的时候问我："为什么你最近总是那么晚走啊？是不是太忙了？你怎么不让你们部门的人帮你分担一下？"

我的下属站起来对着同事说："他赚的比我多，比我忙比我累也是应该的啊！"

这句话让人又郁闷又窝火。

做设计的那个小姑娘因为自身的原因提出了离职，我又需要赶快联系HR招募新人，好和她做工作交接。看得上的薪水要求都太高，薪水要求可以的，我又看不上，这种权衡和取舍几乎在每一轮面试过程里都会有一段挣扎和反复。

最后没办法我只能和总经理申请岗位薪水特批，才得以招到了一个新下属，还是个女生。

面试的时候就显得比较有想法，也很有自己的判断，对工资的底线咬得非常死，所以我才不得不申请去特批。

试用期的时候还算满意，但转正之后她强势的态度就出来了。

很多时候她自己的标准和我的标准有很大的差距，但是她觉得她已经把最满意的东西给我了，所以没什么好调整的。如果我还要求她调整，那我就是不专业。

这多少激起了我不服输的本质，你觉得你够专业，好啊，那我们就来比一比谁更专业好了。

我把我之前做的案例和要求拿出来，并且邀请了行业专家作为顾问，成立后备团队，每次开始都需要对上一次的收尾做一个评判，从用色到字体、字号、间距、行距都做了一个专业化的推演，我还因此找了之前广告公司的设计达人给我专业的意见，这种集中火力地连续开炮，多少折服了对方嚣张的气势，我趁热打铁让她自己给自己定一个设计标准：如果我要求你，你有抵触情绪，那么你自己要求自己，应该就无话可说了吧？

之后，我让原来的男下属去和新到任的设计去做对接，除了基本的老人带新人之外，也希望他能够体验一下，带一个新人是很困难的一件事。

磨合，是这个团队的每一位成员都应该要做的事！

我和下属之间还是不冷不热，他或许觉得井水不犯河水相安无事就好，工作量我在逐渐地过渡，每个月我都会对他的工作量进行量化和统计，这样每个季度做考评的时候他才会心服口服。

但是这表面的平静终于在一篇他负责的专题稿件上崩盘爆发。

那是一个专家观点，前期的沟通不到位，导致专家后来成文多少有些跑题，他或许也没有想到，还妄图通过自己修改来做补救，刊发前找我签字。我看完之后说，这个不符合要求，和我们开会之前定的方向也不符合，这个字我不能签。

他就索性说："你不签，那这个月就会印刷延迟。"

我看了他一眼说："如果印刷延迟，那你就要负这个责。"

于是他拔高声音说："这是因为你不签字所以才造成的，我为什么要负责？"

我把笔放下看着他说："出了突发事件，你为什么不第一时间找我沟通？你不带着解决方案来和我说怎么补救，还希望借助修改部分内容来掩盖这个事实，这是职业操守问题！我不管你对我个人有什么意见，但是目前我坐在这个位置上，我就是你的领导，你可以不尊重我个人，但是我请你尊重我的职位！这是最基本的职场素质。这个事情我会想办法来补救，没有补救好之前这个字我不能签！因为我不能羞辱自己的专业标准。”

那次最后的结果是延期了五天，我又找了其他的专家，将文章变成了一个有针对性的小版块对谈。我对上司承担了全部责任，因为团队的失误就是我的失误，但是这些他并不知道。

之后临近年会，部门整体被借调到年会筹备组，我被拉去负责策划和拍摄工作，他则被拉去负责整体文案撰写，那阶段几乎全员都忙疯了。

他关于优秀员工的介绍文案一遍遍被打回，太过常规，没新意，不能突出个人，高度不够，不够概括，每一条的评语都让他觉得十分郁闷。

集团的副总裁语重心长地对他说：“从这些文字里我看不到你对企业的了解和爱。”

我被要求接手他的后续工作，我通读完上报材料之后对每个人都做了简单的电话采访，之后做了两套方案：一套是感动中国范儿的，以小博大，突出个人精神进而引出企业文化的主线；另一套是模仿当年比较流行的“凡客体”。这两套最后都获得了通过，一套在年会里使用，一套做成了招贴海报。

关于文字能力，我从来不觉得我会输给谁。

年会结束后我们做了一次深谈，我说了很多我的想法以及个人规划。

我也说了很多我对他的期望以及过去我不成熟的领导方式。

他听完之后沉默了好久，最后说：“或许我不是你，也做不到和你一样，我只是想找个普通的工作，拿着稳定的薪水而已。”

我听完这句话愣了好久，直到手上的香烟快燎到手指才发现。

他比我小两岁。

没成家，没多少存款，也没太多未来的打算。

还有着小清新的想法，希望有一场说走就走的旅行……

以前我觉得我们很相似，而这一刻我才发现，原来不知不觉间，我们已经拉开了很远的距离。

我的这两个下属在次年的春天纷纷选择了离开。

我的团队开始扩大了规模，我把过去积累的一些招聘经验用在了这次团队组建中。

招人的时候，对方的婚姻状况、言谈举止，都能让我判断出他的长处和短板。

已婚的妈妈会比较有耐心，85后的想法会非常多而且很喜欢出风头。

如何让你的下属发挥作用，但是还不能恃才傲物，如何给他配一个对手，让他们互相博弈。

如何给没有太多自信但是专业能力强的人不断的激励和肯定。

如何判断一个爱独立自主的下属，让他去负责一部分项目，还不让事情失控。

有一段时间我会觉得我越来越闲，闲得内心发慌。

这时候我才明白一点点管理的道理。

原来管理不是让你去干活，是让你研究人。

或许是老天都觉得我太闲，所以发了一个难题给我。

部门扩大之后我原来的部门把另外一个业务板块合并了，业务板块的负责人是公司高层的亲戚，我刚进公司的时候还做过几天我的下属，但是因为我实在不知道怎么去管理一个自己有想法却听不进意见，又倔又有背景的人，所以没过几天我就和当时的上司说，我带不了她。

后来上司带了她几天，然后她自己申请借调到其他部门去了。

都说风水轮流转，她竟然又转到了我的手里了！

但是还好我已经不是当年的我，而她比起当年也老练了很多。

这种表面相安无事的职场博弈，私下里并没你想象的那么勾心斗角，当你已经到达一定的高度和位置的时候，不论是冒犯还是妄图扳倒都是可笑的行为。

或许，强大了，心态也就变化了！

所有的下属都一样，首先你要先有能力，其次你需要有自我情绪调节的本事。

这两点你缺什么，自己就补充什么。

一个合格的领导应该具备：一定的专业能力，没有专业能力的你要情商特别高，不然无法服众；要有良好的沟通能力，语言的艺术靠的是经验，这个模拟不来，不同的人接受的方式也不一样；还要有大于下属的抗压能力，你乱了阵脚，下属会看不起你。

至于合理分配工作，调动下属积极性，恩威并施，画大饼说愿景等，都需要慢慢修炼。不难，只要不太笨，慢慢地总能学会。

三十岁那年，我的梦想是年薪十万

三十四岁那一年，几个朋友一起庆祝我的生日，我这才发现，原来不知不觉中我已经实现了当初的“心愿”。原来以为高高在上的十万年薪，现在看来只是一个小小的山丘，不过如此啊。

如果哪家公司能给我年薪十万，我可以在那做到死为止！

我说这句话的时候，我是一个广告公司的小职员，月薪五千，这数字在我过去的工作履历里比任何一个公司开得都高，甚至它在我的人生里都具有了划时代的意义。

那是2008年，那一年我二十九周岁，虚岁三十岁。

我不知道有多少男生在意“三十岁”这个岁数，至少我在没有到达三十岁之前，我都非常在意，我总觉得那对一个男人来说，是一个门槛。

古语说三十而立，这句话让很多男生都把三十岁当作一个蜕变的仪式，仿佛到了那个岁数自己就真的进化了一样。因此，我在三十岁之前一直都很纠结于周岁和虚岁这种问题，我努力地去认定自己的周岁年纪，觉得似乎这样就小了一岁，可以让中年危机来得更晚一点。

2008年，那一年物价和房价还没有飞涨到现在这么厉害，我到手的工资只有4300块，和一帮子朋友去吃饭的时候偶尔还会冒出一些小自卑，认识的朋友里有做销售的，买了好几套房子，有上市公司的财务总监，金领阶层光芒万丈，有五百强企业的经理，有知名服装品牌的中高层。我那时候话不多，因为总怕自己说错，蜷缩在人群里一个不起眼的角落，听他们扯淡聊天，陪他们吃饭喝茶。

小伍和小天这两位朋友都是在那时候认识的，认识的最直接的理由大概是他们不做作，很少提自己的存款和房子，也不炫富，全身上下你看不见几个带着大LOGO闪瞎眼的牌子，随和的人多少会让我觉得放松一些。当然，这些因为爬山而认识的户外驴友里，也有类似我这样的穷人，薪水不多，但是很多都是北京人，混的也都是国企单位，只是图个清静而已。

一个人到底要有怎样的自信，才可以一直给自己加油打气让自己走很远？一个人到底要有怎样的勇气，才可以毕业后在陌生的城市，面对茫茫的未知，蒙着眼摸索前行而且一走就是五年？你要拿什么对向前走的自己去鼓励说，你可以，你一定行？

我没有那么多的勇气和能量。

2008年，那年我毕业整五年，五年对于别人来说是一个成熟的过程，对我来说，却是一个一直迷茫纠结的过程。我找不到自己的位置，我不知道做些什么，什么才是我擅长的，在这个城市我看不到希望和未来，我甚至一度很怕，怕再过一个五年，我依旧还是一个月薪五千的穷光蛋。

人生最纠结的事情不是你甘于平淡，而是你明明不希望平凡却不知道未来应该怎么办。

这种迷茫，就好像在浓得看不见前方的大雾里穿行，磕磕绊绊，你想一直向前走，却又怀疑自己一直在原地打转。

我说那句话的起因是不知道谁提起了一个话题：你的梦想是什么？

有人说梦想是买块地，自己过着美好的田园生活。有人说梦想是可以辞职去周游世界。我说，我的梦想是希望有一天公司可以给我开到年薪十万，然后我就可以在那工作到死。

我听到有的人笑了起来，我知道那笑声背后的意义，就好像一个富人在说远行说志向的时候，忽然听到一个穷人说，最大的理想就是可以吃上一碗白饭一样。

我知道，在他们看来，或许这算不上是一个梦想。

我不知道今天的你如何看待年薪十万这个价码，因为随着通货膨胀和见识的增多，你会对数字越来越不敏感。就好像我才来北京的前两年，买一件五百块的棉服都要纠结半天，而现在觉得好一点、厚一点的衣服不可能会有低于七八百的价格。每一年看到毕业生投递的简历，期望的薪资待遇从过去的不足两千变成了两千多、三千多，如今应届毕业生已经开价四千多或者五千了。

有时候真的不知道到底是人越来越值钱，还是钱越来越不值钱。

年薪十万在我当年的概念里是月薪八千多，八千多的工资等同于当时公司里的高级经理或者副总监。我当时就想，那个职位也许是我要努力拼搏很久才有机会去碰触的吧。

2009年，因为金融危机导致公司效益下滑，好几个大客户都压缩了广告运营预算，很多小客户则直接取消了广告业务，作为服务商的我们直接面临的问题就是裁员。

我很幸运没有被裁掉，但是原本的部门人员解散，我被调去了公关部。

那一年，我三十周岁。

一切都要重新开始。

我从来没有接触过公关行业，我不懂任何公关术语和流程。

我在活动现场就像个傻子一样，不知道自己应该干吗，像个等待指令的木偶，任何人都可以使唤我。

我在现场找不到自己可以发挥价值的地方。

部门同事把所有现场执行、看场子的活都交给了我，我全年没有休息日，因为很多客户活动都是在周六、周日等节假日和平时晚上完成的。

我从什么都不懂，到开始懂一点点，到最后一个人操盘。我从一个内向型的人逐渐变得外向。

我原本是一个不爱说话、存在感很弱的人，但是职业要求我必须要说话，而且是不停地说。一个五百多人的客户答谢活动，只有两个人负责，一个人负责室内，风吹日晒的室外当然是由我这个新人负责，我做得最多的事情就是不停地接打电话：桌椅到位了没有？餐饮到位了没有？供应商的服务人员到位了没有？模特礼仪到位了没有？饮料水果到位了没有？乐队演奏到位了没有？

桌椅到位了要立刻安排摆放位置；餐饮到位要交代冷餐发放的

时间和每一组的顺序，对于一个一天的活动，发放节奏是很关键的；礼仪模特要进行基本的流程培训，谁拿证书，谁拿红酒；乐队就位要开始进行音响调试。现场每一个环节流程都需要你不断地去对接。这期间最要命的是，你要随时恭候客户新的调整指令，不管对方的职位大小，你都要应变自如。

每个客户不管专不专业，都想发表点自己的意见，比如鲜榨果汁不够甜，冷餐造型不美观，桌布配色不好看，为什么没有桌花等等一系列鸡毛蒜皮的小事。这些都会让我觉得很崩溃，最可怕的是你要随时百分百接受客户担忧的情绪，解答他们的担心，安抚他们不安的情绪。

那一年多的时间里我的手机24小时开机，每次接电话无论任何情况都可以保证是一声足够元气、阳光般的问候。

我三十周岁的生日是在忙碌的活动现场度过的，那一天几乎是鸡飞狗跳状况频出：先是室外的小型音乐会，附近的居民带着孩子看到有活动就来蹭吃蹭喝；之后是一个熊孩子非要钻过警戒带去喷泉池玩耍，结果掉到水池里，然后熊孩子的家长就冲出来不依不饶索要赔偿；最后好不容易处理好了突发状况，室内开始的青花瓷赏鉴活动又状况频出，两个家长因为孩子互相争抢白瓷坯而大闹，大人之间发生了口角，其中一个还差点撞烂了前来展示的珍贵的展品。

晚上十点半彻底收工之后，我打车回家看了看手机才发现原来今天是自己的生日。

我在小区门口楼下小吃摊点了一碗青菜面，要求老阿姨帮我加一个荷包蛋。我对自己说，你看，过了今天你就真的彻底三十周岁了。这些年你忙忙叨叨到底为了什么呢？

每一次在面对社会和外界的变化时，你都把头埋得低低的，逆来顺受。

你总觉得人生看不到希望，就好像溺水一般拼命挣扎，然后……到了今天，这就是你想要的结果吗？

你并不知道未来还要走多远，你也从来不敢去奢望自己这辈子可以赚多少工资。

那么人生也好，活着也好，这意义到底是什么？

你一直都希望可以做自己，可你真的知道自己要什么吗？

你觉得你每走一步都身不由己，都小心翼翼无比害怕，你以为你会被这个汹涌的洪流冲走，可是你看，事实证明你到哪都能扎根，活下来，对吗？

如果说毕业的六年里，生活从来没有给予过你任何机会和道路的话，那么至少它教会了你一套活下去的本事，它让你在困境面前变得极度谦卑，它让你明白生活的辛苦、不如意，以及任何时候都不要忘记付出。

或许你可能注定就是一枚杂草，在这个高楼林立的大城市里永远没有出头的那一天。

哪怕年薪十万对你来说一辈子都只能是一个梦想，但是带着这个梦想活下去，终究也会有心愿达成的一天吧！

三十岁，是人生的一个分水岭，你不能再任性，不能轻言放弃。

这是你的人生，你总要学着坚强，学着坦白，学着面对。

那天，路边摊的灯光昏暗，吃饭的只有我一个。老阿姨已经在收拾东西准备收摊，我看着热气腾腾的长寿面，自己对自己叨咕了很多，之后在心里默默许下了一个愿望，从今天起忘记年纪这回事，忘记生日这回事，心愿不达成就不吃这代表成长的生日面。

从那天起我改变了很多，也开始思考很多，包括人生与未来。

我把被动的改变变成了积极的转变，如果生活需要我变成什么样子，那么我就索性去试试看。

我开始把工作当成乐趣，尝试着把压力化解。

我开始在备场前尝试着放松精神，甚至从咖啡师到礼仪我都可以从容地打个招呼，开个小玩笑。客户开始对我觉得放心，来宾能够在这里尽兴，活动能够圆满成功，这都是我最想看到的。

我没那么多时间沉浸在负面情绪里，开始懂得自我调节。

我不再刻意区分自己的周岁、虚岁，统一把虚岁当作了真实年纪，只是因为听人说，虚岁是算上了你在妈妈肚子里的那一年。

那是宝贵而伟大的一年，我应该尊重它，并且认可它的存在。

三十四岁那一年，几个朋友一起庆祝我的生日，我这才发现，原来不知不觉中我已经实现了当初的“心愿”。原来以为高高在上的十万年薪，现在看来只是一个小小的山丘，不过如此啊。

只要你一直在行走，你就会看到更多更美的风景，所有的弯路和目标都有它存在的意义，没有过去的那些坎坷，就不会有今天的心态与能力。

向前走，哪怕你看不见光亮，哪怕你不知道方向，只要你不停下，总会走到曙光来临，走向光芒万丈。

Part4

我就是要活出个人样来

三十岁之前努力犯错，拼命尝试；

三十岁之后开始靠岸，学着靠谱。

有些事年轻的时候不做，就真的没有机会再去做了。

我从不怕失败和跌倒了重新再来，我只怕把一些期望一直埋在心里，

最后变成了内心时常叨唠的痛。

临死前也要活出点人样

与其杞人忧天，还不如就当作自己到期要被开除，那么请拿出“临死前也要活出点人样”的态度去生活吧！

【网友来信】

川叔您好，之前看了您在豆瓣上说的关于毕业工作的心得，小妹有个问题很想咨询您一下，希望能给小妹一点意见，让小妹不再迷茫。

小妹是一个情商很低，内心又很敏感的人，不知道这算不算是小心眼。毕业已经一年多，工作比较开心，同事都很好，没什么大功劳，但在部门中也积极地发光发热。后来我们大领导怀孕走了，总部派了一个不会中文的领导，日常交流只能用英语。妹子的英语又不好，属于可以听得懂，但说话只能蹦几个字的那种，所以基本跟大领导没什么交流。

前几个月，公司一个部门的资深前辈怀孕生孩子，离职了。后来听说她是跟公司合约期满，公司不想跟她续签了。

从这开始，妹子心里一直装着这个事情，生怕合约期满后，妹子也不能续签，内心无比恐慌，是不是有点杞人忧天了呢？

内心有点郁结，现在带我的小领导也怀孕了，什么事情都是我来承担，妹子感觉自己一下子责任重大，压力山大。

上周要做一个展示，妹子很用心地拿着之前小领导设计的图纸进行陈列展示，但是第二天大领导看了之后不是很满意，后来又去调整了，结果一看布局跟设计图纸不一样，妹子瞬间就内伤了，心想大领导会觉得我连这么个事情都搞不好，还要麻烦他亲自出马，这样的下属还能干什么！

小妹现在真心感觉前途暗淡，经常想着两年后自己被扫地出门的状态，顿时压力山大。朋友安慰说人家花了两年的时间把你职场小白培养成现在这样，不会轻易开除你的，而且你工资这么低，人家也不在乎这点钱。话是有点道理，但是我又想人家直接找个有经验的不就行了嘛。最近一直有种印堂发黑的感觉。

川叔，妹子该如何是好呀？满脸冒痘，徘徊在崩溃的边缘……

内心负面情绪是不是太多了？不好意思哈，希望不要影响川叔的心情。

【川叔回信】

简单地说，这是一个“傲娇”妹子（外冷内热型的女孩子），杞人忧天，明明要升职却还要装娇羞。

不然为什么我看到的关键词是：怀孕＝出局，怀孕＝休假，所有人都怀孕＝你有机会！这完全是一个正能量的故事！

离合同期满还有很多时间对吧？

这期间你的各种领导都因为怀孕消失了，你终于熬出头了，有机会接近你的大领导，但是这个时候你开始装文艺，你开始自我怀疑。

你开始问：我长得不好看，歌艺又不好，凭什么领导要看上我呢？

亲，你这个样子真的好像没出道的安陵容啊！

可惜这世界上不是处处都有帮助姐妹的甄嬛。

建议你给老妈打个电话，一般你这样的“傲娇”妹子都会有一个果断的老妈。

请让老妈吼醒你好了。

进个大公司很了不起，有个外国老板也很了不起。

那么，进到了这么了不起的地方，接近这么多了不起的人，你也应该了不起，对吗？

为什么终于到了你出人头地的时候，你却打退堂鼓了呢？

没自信了吗？

把你一年的所学都用上啊！

不要动不动就想不续约的事，如果你重要，公司肯定会续约；如果你什么都不是，那么公司不跟你续约也是迟早的事。

所以，续约不续约取决于你对公司是否重要，对吗？

现在能体现你价值的，就是目前的机会。

这一年你学了啥，眼光、本事、基本功……拿出来秀啊！

领导也是人，好的东西大家都爱。

不要说什么手下工人不给力，不能按照你思想做事这种蠢话，这不是你第一次负责案子，也不会是最后一次。手下工人不给力，就催他们，改到你要的为止。定时去检查，不要做到最后才假装大吃一惊。

自己不给力，不要怪领导甩给你一万个白眼好吗？

你有没有本事，不是一次失误所能判定的。

但是如果你每次都失误，那你还是提前做好被踢出去的准备吧。

所以，与其杞人忧天，还不如就当作自己到期要被开除，那么请拿出“临死前也要活出点人样”的态度去生活吧！

加油吧！

在保证“温饱”的基础上，去努力靠近理想

追求理想是需要代价的。

放弃也需要。

放弃理想不但需要代价，还需要让自己明白，自己放弃选择之后，要立刻找一份可以填补的工作。

【网友来信】

不知道该怎么称呼，所以还是先说声：你好！

我想向你说一下自己的情况，希望你能帮我分析一下，可以吗？

我是一名毕业差不多两年的大专生，专业是服装设计。毕业刚出来的时候找工作也找了很久，刚开始做的两份工作都只维持了几

天就走了。然后第三份是设计助理，公司是个私人工作室，人不是很多。工资是一千八，做了八个月没涨，然后临近过年辞职了。

开了年和三个朋友也开了个这样的工作室，可以说是冲动吧，刚开始信心满满，但两三个月就筋疲力尽了。没有太多的人脉和资源，所以生意一直起不来，大家也没心情工作，每天闲得无所事事。但自己幸好去外面便利店或者咖啡厅做兼职，以此才维持了自己的生活。上个月因为几个人吵吵闹闹，所以没信心再坚持下去了，几个人也分道扬镳，拿着最后结余的三千块钱另外找了房子，搬了家。但依旧在这个城市。仿佛又回到了毕业那时候的样子，自己每天投简历找工作，只是感觉四处碰壁，有点没了信心。

上个月发现附近一家做针织用品的公司在招客服，所以就定在这儿了，公司不算特别大，所有部门的人加起来差不多五十个人。但自己所在的电商部只有我和一个美工，之前的主管在我来的时候辞职了。每天的工作就保证旺旺在线，有点像坐班，很闲，试用期三个月，工资一千八，转正后两千。

我在附近租的房子，房租是八百，生活费没有多大问题，不买化妆品，不买奢饰品，每天也自己做饭，所以觉得还过得去，只是存不到钱才最令我恼火。虽然说女生稳定点好，但是自己总是很纠结，不知道究竟想要什么。

我是个性格内向不爱说话的女生，父母在外面工作也很辛苦，所以不想麻烦他们。我的朋友也很少，只有一个大学到现在耍的最好的姐们。有时候给我很多正能量，她也理解我现在的生活和处境，但也无能为力。目前自己的心态就有点像是活在当下的样子，想突破找不到出口，所以很迷茫。

这就是我现在的样子。

【川叔回信】

看到你信的结尾，就知道你是一个有点内向的人。

看在我们大学都是学服装设计的份上，先握个手吧！

理想和现实，我是这样建议的：

如果你很爱你的理想，那么在保证“温饱”的基础上，去努力靠近它！

努力靠近的意思是什么？就是积极地当别人的小弟、随从，只是为了学东西。

学东西的意思就是要辛苦，被骂，忍住再来。

一千八和一千八是一样的，但工作是不一样的，一个客服和一个助理，差距多大我想你也知道。关键是，一个助理辛苦三年出去之后能做什么？一个客服做三年你可以学到什么？你自己心里有数。

我大学毕业第一年都在做本专业，所有和设计不相关的都不做，哪怕工资再少都要做设计。做了一年，就决定放弃。因为我觉得设计不适合我。

决定放弃的第一件事就是我要问自己，除了设计我还能做什么？

所以后来我选择了做文字编辑。

我觉得我擅长，我可以，之后就找了这方面的工作。

直到现在我都不后悔。

虽然我现在的大学同学依旧有做设计做得风生水起的，但是我也不羡慕。

追求理想是需要代价的。

放弃也需要。

放弃理想不但需要代价，还需要让自己明白，自己放弃选择之后，要立刻找一份可以填补的工作。

人生没有内向外向的区别。

一个月给你八千块，让你去和人打交道，你为了这份工资也会去努力改变和适应。

很多人去做销售，害怕的是每个月的淘汰和工作压力。

有些事，你早经历，才能早成长。

有些东西迟早会来，只是或早或晚而已。

你可以说“我现在不想承担啊”，那可以，你可以选择三十岁之前都很悠闲地生活，那就要接受三十岁以后更加忙碌且疲惫不堪。

生活，是最公平的大学。

你平时懒散，到考试的时候就会忙得半死，或者是拿到一点勉强的成绩。你平时吃苦，到人生转变的时候就会轻松一些。

为什么有的人，人到中年依旧活得不快乐，做一个平庸的职位，整天对很多事不满意，很多抱怨……不过是因为年轻的时候贪图安逸，经历太少罢了。

生活，就是这么公平！

怎么选都没有错，因为这是你的人生，你只能自己负责。

你缺的只是勇气

你现在应该找张纸，把自己所有的困惑都写出来，之后尝试自己分清主次，问问自己现在面临哪些问题，什么是情绪上的，什么是技术上的。

之后把罗列的关键词一一归位，你就会发现眼下面临的问题。

【网友来信】

川叔你好，见邮开心！

关注你的职场日志已有不少时间，对职场新人的我来说，的确有不少帮助。

发这封邮件也是想咨询一点问题。我是去年毕业的大专生，会计专业。进入了一家中国500强的公司，被分到了集团在我家乡开设的分公司，制度和福利都比较完善。但是有几个问题让我一直在纠结：

1. 因为没有经验，也没有老会计来带我，很多上司交代的任务我都需要查很多次跑很多弯路去完成。压力异常大，有时候做梦都在想第二天的事情。

2. 公司名义上的会计在别的分公司，我的职位是出纳。会计每月月初来一次，检查我上个月做的账是否有问题。我每次就坐在旁边希望学习到一点东西，可是她的态度一直比较冷淡，出报表什么的速度都很快，也不理会我的提问。对于我的请教，她会说，“你要自己去学习，我当年也是自己摸索的”。我也尝试自己来学习，拿报表回家开小灶，一项一项地看。月底自己结了账，希望她可以来看看我的报表有什么问题，她看都没看直接把我的报表删除，说下次等她来再结账，然后按自己的出。当时真的很难过，但是也不知道该怎样说。这个问题也是我现在面临的最大的问题。

3. 年前我去了公司总部一趟，财务总监跟我谈话，说有意向让我接手本公司的财务，需要培训。我很珍惜这次机会，但同时也怕自己的能力不够，达不到上级的要求。刚进入职场，总是想尽快提升自己，希望得到肯定，希望自己很专业，但还是会有很多错误，也会被上司骂。希望川叔可以帮我调整下心态，让我不要这么心急，慢慢来才能走得更稳。而且，初入职场，觉得冷漠又严肃，一点人情味都没有，我也在慢慢适应中。

希望川叔在百忙之中可以指点我一下，其实也是想诉说一下，让自己可以稍稍淡定些，因为我也知道别人的指点只是指点，自己才能真正解决自己的问题。

【川叔回信】

其实你的问题很简单，80%来自心态。

你说的问题1，不就是所谓的工作压力吗？

拜托！500强企业，那是人人都想进的呀！如果你进500强企业还和进肯德基一样简单，那500强的名头一定是买来的。所以，越牛的企业要求也会越多，压力也一定会越大，没有压力哪里来的成长呢？

所以我们暂且把你这个定义为“撒娇型叫苦”。

就是那种喜欢和长辈说：“欧巴！人家做不到啦！”

这时候听到欧巴说：“加油！你一定行的。”

呵呵！你以为是狗血剧啊！生活里哪有这样的欧巴啊！

好企业需要的不仅仅是技能，还需要抗压能力，需要抵御惶恐的自信。

问题2，为什么同事关系很冷漠？

这是很简单的沟通问题。

这个话题我貌似之前在某篇文章里说过。

新人初入职场，不要总把自己放在韩剧女主角的位置上，受不了别人的白眼，受不了别人的嘲讽，甚至受不了批评什么的，遇到挫折就会仰头问天，为什么大家都欺负我？

之后老天哗啦啦地下大雨……

你看，老天其实也不喜欢别人总问为什么来烦他。

人家为什么要帮你？你说人家不理会你的提问，我觉得她的潜台词是，小姐，你能先搞清楚基础知识可以吗？而且我帮你，你又不付钱给我，对吗？

所以提问不是很傻地去问，什么都问，人家不是大学老师，你也没花钱，对吗？

提问之前要自己先做功课，如果你说，那我万一自己琢磨走了很多弯路怎么办？不是白耽误功夫吗？

我说，你自己不多绕点路，你哪里会珍惜得到的东西？

别人和你分享的是什么？是经验！

经验的意思是什么？

经验的意思就是，当初人家错了一百次，最后自己咬着牙，背负着打击总结出来的东西。

你新人一上来，就红口白牙地问，哎呀我不懂，你要教我呀。恨不得一秒之内就要到答案！

换作是我，我估计也要和你说，你敢先去碰几个钉子再说吗？

所以这种心态上的不对等，带不来所谓的请教效果。你懂我的意思了吗？

你要花心思去研究，去努力，去死磕，尝试了N多方式之后，无计可施的情况下，你才可以用所谓的场外求助牌，不然对方不会理你。

如果对方告诉你，那么只会有几点理由：

第一，她人真的很好。

第二，你们私交很好。

第三，你真的很会做人。

第四，你长得很讨人喜欢。

如果原因2、3、4你都没做到的话，没人乐意教你。

怎样搞好私交关系，这个我不说你自己去领悟。

怎么表现自己的努力，这个我也不再多说了。

至于你觉得那为什么我的报表她看都不看就删掉？

这个你需要去沟通，是不是你做的不符合规格？

因为会计是太专业的门类，所以内容方面我不太懂，但是我觉得你最好先确认一下。

不用很在意对方的做法，放开自己的心态。

你只需要和对方搞清楚，这次我做得不对，那么下次我要怎么做，流程是什么，我需要提前准备什么。把姿态放低，去承认自己不懂，之后去问要求，自己努力做了之后等结果，被否定之后问自己的不足。

单纯去做什么情绪上的崩溃没意义，也只是浪费时间而已。

最后，培训这东西是多好的机会，当然去啊！

什么？担心自己干不好？

还没干呢好吗？

你这不就像人家给你一块地，你还没播种就担心收成，你不觉得担心得太早了吗？

所以你现在应该找张纸，把自己所有的困惑都写出来，之后尝试自己分清主次，问问自己现在面临哪些问题？什么是情绪上的，什么是技术上的。

之后把罗列的关键词一一归位，你就会发现眼下面临的问题。

你习惯性地把明天、后天甚至明年的问题，都混在一起，之后促使自己崩溃，这很没必要。

所以自己要学会切分，关注当下自己要解决的，切掉负面情绪。

以开放的心态迎接变化。

一个良好的企业，是对你自身能力最大的肯定。

如果你在这个企业无法存活下去，不是因为你的能力不够，只是因为你的内心还不够坚强。

你需要的其实不是多牛的技术。

技术可以去学习。

你缺少的只是勇气！

要学会给自己鼓劲，姑娘！

你的头像如果没看错，是宫崎骏《龙猫》里的妹妹吧！

学着像她那样，无知无畏，才能愿望必达！

请一条路走到黑

人生最怕的不是换一条路，而是只有一条路，却边走边犹豫，最后连唯一的路也没走好……

【网友来信】

川叔你好，抱歉打扰了，因为我现在真的很迷茫。

本科读了医，快毕业了，本来是准备要读研，然后一步一步在医生这条路上走下去的。

可是到了医院实习后才发现，每天面对那些痛苦的人，或者臃肿或者干瘪，奄奄一息地躺在病床上，很影响情绪。每次工作完都会非常抑郁，越来越觉得自己无法胜任医生这份工作。但是学了医，也不知道自己以后能做什么。父母都认为既然苦读了五年学了这个专业就该继续走下去，以后好好做个医生。

有时候回想高考完填志愿的时候，只觉得想学医就报了来念，竟然没怎么考虑过以后找工作的事情。现在开始认真考虑，想到要做一个医生，心底就不停地恐惧和焦虑。

我知道可能对于医学这个专业，你了解的也不是很多。只是最近情绪很失常，实在需要找一个出口来释放一下。

谢谢你看我的絮絮叨叨，期待你的回复。

【川叔回信】

你自己都说了，学了五年，不做这个你会干什么？

我觉得你只是消解不了痛苦而已，那么是不是因为怕？怕去面对？

生老病死是人生几大不可逆的步骤，我觉得你只是缺少成功而已，比如缺少你看到的病人因为你的治疗而好转。

的确每个人都有所谓的心理极限，但是你明显还没到那一步。

行医者，多半是需要有治病救人的责任感的，即便你以前没有，或许以后也会慢慢找到。

退一万步说，你以后也没找到，那么你是否找到了医学的乐趣？

如果你乐趣也没找到，那……你学了五年，还要考研，七八年的时间，你图个什么？

你的人生问题或许我不懂，但是你不能不懂。

七八年的时间，学任何一门手艺你都会了吧？

关键是，学什么，你找到了没？

任何时候开始都不晚，就怕你没热情。

如果现在找不到，那就请在这一条路上努力走下去。

因为目前来说，你无路可走，只有它，对吧。

人生最怕的不是换一条路，而是只有一条路，却边走边犹豫，最后连唯一的路也没走好……

希望以上的话，可以对你有点儿用。

什么都没想过，你就敢辞职？

别问我简历怎么写，百度有一堆！
没人教你化妆，没人教你韩剧的演员是谁，你都能知道。
拿出点热情和劲头，把自己工作的事儿整一整好吗？

【网友来信】

川叔，你好！

明天准备裸辞，这几天一直很纠结。

我今年二十六岁，大龄女青年一枚，毕业后一直在一家单位工作，到现在三年零九个月。

工作的单位是国企县级市的分公司，只交国家要求的三金，工资一千八百元左右。2012年5月跟我一起入职的人大多都离职了，我接替离职的同事组长的职务，工作不顺利，工资没组员高且繁琐的事情特别多。

第一次开始有了辞职的想法，跟父母说不同意，认为没有好的下家，让我干组长是领导认可我的能力。

后来一直有辞职的想法，工作也不开心，期间有两次级别考试因为不重视也没考上。

到2013年夏天，又一次跟父母提辞职，闹腾了几天又去上班了，依旧不开心。

今年1月1号我突然被通知调岗，工作交接了两天，去其他部门成了普通员工。我为什么被调岗至今我还是不太清楚，应该是我没跟上新来的总经理推行的新营销模式。

本来是要继续上班的，3号那天早上起来心里还是没有接受调岗，跟副总打电话请了两天假。两天后去上班发现被新部门的组长去总经理那告了一状，于是把我本来就很糟糕的上班心情弄得更糟糕了。1月那一个月都没怎么好好上班，期间跟父母说辞职，这次是同意了，可是我爸现在基本上不理我了，说白了心里还是不同意。

新领导上任后公司人员变动很大，一直没跟上节奏，原来一直认为做好自己的工作就好，最后还是错了。在一个没有能力的人手里干活实在难受，根本没有心思上班，就是每天混日子下班。年前跟副总提过离职的事情，我们副总一直对我不错，说我主管领导的能力很一般，我没有好的下家，并且工作一直很好，就是太认真。

我说没心思上班了就是来混日子的，我们副总竟然说那就先混着。

后来我很坚决地说初八离职，他让我再好好想想。

工作这几年什么也没学会，只会我们公司那套系统，估计公司没人比我还熟吧，可是出去就没什么用了。

我的辞职冲动一直都有，可是我没有下家，没有想好下一步要干什么。但是现在已经没心思想继续留在这儿，最大的问题是我说服不了我爸妈，他们不想我辞职，因为我二十六岁了，在我们这已经是大龄剩女了，没有对象，辞职了可能更不好找了吧，我们家也没能力为我找好工作。

我爸现在不理我，因为我辞职和找对象的事跟我妈吵了一架。一直觉得自己很没用，毕业到现在一直过得不怎么好，年纪那么大了思想也不成熟。

我现在只想说服我爸妈同意，工作慢慢找。实在不知道怎么说服爸妈，我应该怎么办？明天就要去辞职了。

【川叔回信】

首先，你二十六岁了和辞职没关系。

其次，你辞职和家里没关系，不要总和家里报告。

最后，你辞职和下家有关系。

人家离职，你也走，人家离职完有工作，你辞职之后回家吗？

你明天辞职，辞职之后怎么办？你想过吗？

辞职之后找什么工作？你想过吗？

你知道你为什么找不到下家吗？

因为你从头到尾都不努力！

三年零九个月，你工作成这样，被弄到调换工作岗位！你需要认真反省一下，不要动不动想辞职。

辞职完你换一家，不还是这样吗？

谁喜欢三年不提高越来越落后的员工？

你告诉我你的核心能力是什么？

你擅长什么？

辞职之后你打算做什么职位？什么行业？

你想过吗？

什么都没想过的话，就不要轻易辞职。

我问你，你的简历够完美吗？

你在网上投过多少简历？

你参加过面试吗？

你可以问一下自己，我的求职范围是什么？如果我一个月内没有面试通知，我需要如何扩大我的求职范围？我每天应该投多少简历？

我还可以去做哪个领域的工作？

以我现在的水平我期待的薪水是多少？

我现在的行业普通待遇是怎么样的？

这些你都了解吗？

我就不相信，你如果把一切都写顺了，给自己规定了几个领域，之后去找几大知名网站，每天都投三十五份简历，一个月下来，你能没有面试通知？

我也不相信，你现在一个月一千八百元，你找一个三千元的，你父母能反对，拦着不让你去？

你知道你现在的状态吗？

你这就是典型的闹情绪。

还和父母吵架！你现在的状况不是你父母造成的，知道吗？

你父母也是担心，你离开了这家公司会找不到工作。

所以啊，你要自己争气！

争气不是说你现在辞职。

争气是让你把过去三年工作经历梳理一遍，总结一下，不要报喜不报忧，是你不行的地方，就大方承认，然后努力改之。

别问我简历怎么写，百度有一堆！

没人教你化妆，没人教你韩剧的演员是谁，你都能知道。

拿出点热情和劲头，把自己工作的事儿整一整好吗？

人生如初，姑娘你在怕什么？

人活在世上，难免不被比较，难免没有焦虑。尽管教科书上有人告诉我们，你设想的那些可能百分之九十都不会发生。可是那句广告语怎么说来着，一旦你想到未来，那些种种的负面想法就根本停不下来。

【网友来信】

说起来，都是一件件小事。但对于我这种有点敏感又不够强大的女生，小事接着小事，就让我失控了。

比如说，论文的数据弄了很久也没弄好，然后特别多的悲观情绪就来了，我花了这么多心思就做这个论文，有什么用呢？谁会看到呢？比如说，导师一直对我很好，但口头上的好，就像空头支票，既让人抱着希望，勤勤恳恳地做事，以为能收获点什么，又一朝落空，铁打的营盘流水的兵，即便理解也还是失望；比如说，我在读研二，但看着别人糟糕的就业形势，我就立马神奇地移情到自己身上，然后就会感到沉重，焦虑，无望。

最恐怖的是，我觉得“工作”这件事，实在是没有好的。坦白说，我背景不差，算是名校，硬件都过关，拿过国奖，办过社团，出过杂志，跟着NGO（非政府组织）跑遍了中国的山村。但是，一提到工作，我情绪上就紧张。

如果再没有一份薪水尚可、发展前景好、自己又比较感兴趣，并且不要累到吐血的工作，我就更不知所措了。

我知道，如果别人给我发这样的信件，我也会火冒三丈地觉得这个孩子太不知天高地厚了。工作初期，你要踏实啊，努力啊，注重成长啊。

可是怎么办呢？听到前方发回的消息，国企的财务，能落户口但要论资排辈，不知道什么时候才能熬上去；投行证券咨询，似乎真能把人累死，靠行情吃饭，一不小心裁员，太没安全感了；回家找个学校吧，可看着姐姐无聊地整天哄孩子，又感叹，一辈子只能这样吗？

小川叔，我身边还有比我更优秀的同学，可看着同学为了一个柜员的工作半夜上网申请，特别心疼。我们不是好高骛远，不肯踏实做事，更不是吃不了苦，只是害怕看不到希望。

可能比起我的同学来，我最大的一个弱点就是抗压性太差了。这样的话题我们也经常讨论，也都有焦虑，都有自己的难题，会灰心难过。唯独我，自己的情绪无法控制，经常波动，很容易受伤。

小川叔，我不是给自己找借口。优点与缺点都是相互的，好的地方，就是我考虑问题比较周到，做事情会细致些；但现在过了头了，一点小事我也会来回琢磨，讨厌死自己这样了。

传说爱文艺的人都这样，敏感又脆弱，小川叔会这样吗？怎么克服？

【川叔回信】

坦白说，每天的来信里有一半是类似你这种宣泄情绪刷存在感的。让我想回复你的理由，只是因为你写的那句“我知道，如果别人给我发这样的信件，我也会火冒三丈……”我想好歹这句话，也算是换位思考的一个例子吧！

就和你说的一样，你一面很理智地明白道理，一面却又纠缠在负面情绪里不能自拔。我估计我也和你一样，一面明白自己写的回信毫无意义，我给不了你任何的工作机会，甚至实际上的帮助，甚至可能连安抚情绪这件事都做不到，但还是在这里洋洋洒洒地写个没完。

你说我们本质上是不是都有做无用功的潜质呢？

人生总有很多的第一次：第一次旅行，第一次出国，第一次去幼儿园，第一次接吻，第一次恋爱……

初，是一个状态。

没经历的时候，或许你会期待、兴奋，当然或许你也会焦虑、难受，我称之为忐忑。我和你一样喜欢焦虑，而且很容易焦虑过度。即便现在人到中年，我也依旧习惯性地焦虑。比如昨晚睡觉前我就在想，升职之后要补充人手，我把原本的工作都分切给了手下，那我能做什么？我自我定义是典型的复合型自卑人才。就是看似全才，其实不过是什么都想做，以此来找存在感罢了。

这种人最大的长处是，他们可以做很多事，最大的短处就是，他们不能单独做一个领域。不是他们不可以，是他们会不自信……

是的，不自信。

这是一个很可能伴随你一生的词语。即便你演讲过很多次，即便外界有很多人说你成功。但是你都深深地知道，上台之前你那无数次的后背流汗和心跳加速，你在别人看不到的地方努力挣扎，为了做到最好。

人活在世上，难免不被比较，难免没有焦虑。尽管教科书上有人告诉我们，你设想的那些可能百分之九十都不会发生。可是那句广告语怎么说来着，一旦你想到未来，那些种种的负面想法就根本停不下来。

其实我很想说，姑娘，做一个开朗乐观积极进取的人吧！但是很可惜的是，我没这个资格。因为我就是一个焦虑的人。

我的下属分担了我的工作，我却没办法享清福睡大觉。因为我不敢。我要把原本的项目交出去，我会有很多的感情和不舍，但还是必须要换人负责，因为我要通盘掌控全局。我让下属负责就意味着放权，那么就要时刻提醒自己不能再指手画脚，因为每个人都喜欢收获与成就感。即便前面是一个弯路，你不让他走，他就不可能记得下次不再犯。所以我能做的就是，和他一起承担这个后果，之后鼓励他，再来一次。

我要如何管理一个得力的下属，承担他造成的损失，权衡几个下属之间的关系，彼此合作，关系融洽。下属在成长的过程里，我要如何做到不被代替。

有时候，不是你不能停下来，而是别人都在逼着你成长……

这个念头让我在今天早晨五点多醒来就再无睡意，之后在客厅一个人呆坐着，打开台灯翻看手机，其实我也想找个人说点什么，却不知道打给谁，也不知道从何说起……

或许这就和你给我写信的心情一样吧？世界上有两种东西没办法与人分享，一个是寂寞，一个是成长。

二十多岁的你和三十多岁的我，虽然处在人生两个不同的时期，但有时候我们面对的或许是同一个问题。

我在人生比较难捱的时候，去参加了一些心理学的工作坊，也翻阅了一些书籍。我度过那段日子回头再看的时候，其实大部分的道理都是在告诉我们，学会接纳。

如果生活就是五味杂陈，酸甜苦辣，那么索性就把这个过程当做一个独特的味道。

问问自己，你最怕什么。我时常这样问自己，在每个早早苏醒的时候，在每次受到伤害的时候。现在我这么忐忑，我在害怕什么？我在害怕大家不喜欢我，我在害怕做不成一个好领导，我害怕我承受不了下属犯错的后果。我害怕失去现在的一切……

然后我把这些害怕都一一记下，之后再一一反刍。我害怕大家不喜欢我。可是谁能做到全部的人都喜欢你？一定有人不喜欢你，有人喜欢你。尝试和不喜欢你的人做同事，其实也是一种磨练。

我害怕做不成一个好领导。

那你觉得谁是好领导，总裁是吗？董事长是吗？你是不是也觉得他们都有各自的缺点？没人可以完美，你所看到的和你感受到的或许是两回事，听马云的演讲和做马云的下属根本不是一回事儿。

我害怕承担不了下属犯错的后果。所谓的后果就是一次失败不是吗？人生如果连一次失败都承担不起，那还叫什么人生？

我害怕失去现在的一切。失去这个东西，根本就不是我所能决定的，也许在老板没开除我之前，我已经率先开除了他，失去的只是职位，换个地方，你得到一个低的职位，或许获得的是更多的时间和快乐。

我就这样想想，之后天就亮了。找不到人诉说，就尝试着和自己说话。慢慢地就会发现，内心没有那么忐忑了。

其实，我到现在都无法总结一个所谓的标准答案给你。因为爱纠结的人，人生会有一系列的纠结。面临毕业，你会问：毕业怎么办？之后你还会问：找不到男友怎么办？结婚没房子怎么办？结婚之后生孩子怎么办？孩子上幼儿园怎么办？老公不爱我了怎么办？孩子上不到好的小学怎么办？……

人生里有很多的第一次，我们永远无法避免这些，也无法抑制那种面对随时可能到来的第一次的忐忑心情。

勇敢这个词是一个老土组合。但是它永远都不过时。所以，请勇敢地和你的忐忑共处吧！

压缩在人前的表现，留点单独的时间给自己。可以是临睡前，可以是早起后。问问自己，在怕什么，还有什么可怕的！

释放情绪有很多种方式，大哭和吵架无疑是最差的一种选择。运动是最有效的应对紧张的方式。当然，文艺点的人，比较喜欢川叔的那种分裂式的自我对话。

没有谁可以一直帮你，陪在你身边，能24小时给自己安抚的，也只有自己。

人生如初，姑娘你在怕什么？放宽心，妹妹你大胆地往前走吧！

别老拿假设说事儿，那是个伪命题

没有经历疼痛，叫什么人生？

【网友来信】

川叔你好，如果百忙之中抽空浏览到我的信件，当然只能说明你还是有空的……开个玩笑莫生气。看到你的日记，我十分有感触，也学到很多，真心向你请教几个问题，如果您能够耐心回答为我解惑，那太感谢了。

第一，性格与工作有必然的联系吗？我在书上看到一句话：不要试图改变你的性格，而是要改变你工作的方式。不要做不适合你或者你做不好的工作。

我很疑惑，因为我在工作中性格偏内向，默默无闻那种，甚至有些算是软弱。可我偏偏喜欢、期盼着做一些类似销售这样的需要懂人情世故、善于交际的工作。

我不知道我是否朝着一条错误的道路在前进？

第二，对刚毕业的学生来说，职业和行业哪个更重要？某大老板说先定行业更重要，我一直都对此深信不疑。只是我并不十分理解这句话的意思。他的意思是说只要我定下来一个行业，将来在这个行业中各种岗位、各种职务上都会有发展的机会吗？

我觉得还是挺难的呀。比如我进一家房地产公司，先是做置业顾问，做两年难道我还能转去做人力资源吗？再做两年我还能转去做财务、做采购吗？

第三，面试中“职业规划”这种问题要怎么回答？尤其是当我转行的面试时，因为我对这个行业不了解，我对这份工作也不甚了解，我要怎么回答面试官的这个问题呢？

【川叔回信】

第一个问题。人没有所谓的固定性格，职场可以打造你的第二性格。做自己喜欢和擅长的工作，开始不难，但刺激不足；做自己向往的工作，开始很难，但成就感很大，缺点是，不自信的人往往会纠结为什么自己要自讨苦吃。

第二个问题。毕业选行业和结婚选对象一样，很重要也不是很重要，关键是你怎么看。毕业生找工作，考验的是你的自我认知和规划，有人觉得自己要赚大钱，去做销售，后来发现门槛低，竞争大，装孙子累成狗，那只是眼高于顶而已。有人压根不想自己的规划，随便找工作，于是也就很容易随便一下就到了结婚的年纪。

人生都需要教学费，你想太多也不一定步步为营，你压根不想就一定满盘皆输！

我的过去是，三十岁以前全都在试验，不是试验自己适合啥，是让自己明白，啥是看着好但不适合自己的！啥是自己想做，但做了发现也就那么回事的！但我只是个案，没人能二婚三婚还能过得和我这样幸福，所以幸福是件微妙的事。

第三个问题。转行跨职业都可以，只要你可以从头再来。

最后，我想问，你听过《小马过河》的故事吗？这个世界很容易幸福的是直接下水的傻瓜，因为他们简单，这里太深，淹不死就游到那里；还有容易幸福的是一次一次失败又再爬起来的人，因为他们不害怕。

你知道最不容易幸福的是什么吗？就是和你一样，没做就问东问西的人，因为他们总怕疼，怕受伤害走弯路，但是往往只有这样的人最容易被淹死。

没有经历疼痛，叫什么人生？

想离开小城市又不敢出走，怎么办？

我不想做一个连自己都看不起自己的人。所以双脚磨破也要一直走下去。所以孤单一个也要一直走下去。

【网友来信】

亲爱的小川叔：你好……（此处省略一千字的客套）先说明基本情况，我没想过自己会回到家乡，一直以为自己会在大城市工作。可是没有想到的是，在我大学毕业才一个月，因为家人生病的关系，我不得不回到了家乡。好吧，故事背景就是这样。刚开始我觉得，哎呀，就这样吧，在家待着好了。于是，乖乖地听从家里的安排去相了几次亲，然后真的就谈了个恋爱，在夏天的时候。

可是在谈了一个多月以后，我突然感觉很惶恐。

如果，我继续这样下去，我几乎一眼就可以看到自己以后的生活——成为一个家庭妇女，结婚生小孩，上班，下班，做饭，带孩子，打麻将，或许年纪大了还会去跳广场舞。我几乎能够想象出那时候自己的样子。

我觉得我没办法接受，于是，我把人甩了。

为此，我妈跟我大吵了一架。基本内容是，我长得差劲，又没本事，眼高手低，能够找这样的男人已经不错了。我妈问："你还想怎么样？"

是啊，我还想怎么样？我还能怎么样？

我仔细地想了想，如果我想怎么样的话，首先要做的事情，就是离开这个小县城，去一个大点的城市。虽然也不能保证能怎么样，但至少，有那么点机会。

可是，我走不了，原因很简单，我没钱，我不敢身无分文地去一个陌生的城市。

好吧，说了半天，主要意思就是，我穷死了，又不肯安分，又狠不下心来攒钱，还好意思叽歪！

当然，我很清楚，钱还是要存的，哪怕花费的时间长一点，而且，总得想办法挣点钱，于是我开始写东西，这时候是2013年的年底了。

所以，我的目标是，等攒够了几个月的生活费，我就去个大点的城市。

然后，接下来，是需要小川叔指导的地方，感觉我废话好多，说了这么半天才说到重点。

我不是很确定，自己出去后，能够干什么?

……（以下省略三千字的工作经验介绍）

所以，我要怎么办啊?

真的很崩溃，我觉得自己什么特长都没有。最糟糕的是，我觉得自己工作一年多，什么东西都没学到，在职场上完全没有任何竞争力啊!

【川叔回信】

我来重复一下你的情况。

不管什么理由，在家荒废了一年，觉得没啥出息，日子浪费了。

自己没大概念，于是根本没存路费，所以想走的时候发现没钱，走不成。

即便出去了也不知道自己可以干啥，内心惶恐。

自己不想成为小媳妇，不想要这样的人生。

总结完毕。

直接说点实惠的吧！

第一，做好在家继续待一年的准备，这一年要准备的是经济，每个月存两百块钱可以吗？五百块钱可以吗？一年能存多少？之后再找点可以赚钱的活，存够出发的启动资金。

第二，选好你要去的城市，去之前认识一个当地的朋友，不说成为好友，好歹成为熟人，这样接站，帮你看房子总是有人的。

第三，用一年的时间去找自己擅长的东西，比如网站编辑，图书编辑。

最后，和老妈做好沟通，说你还年轻，不想一辈子待在小地方，希望出去走走。如果她可以给你一点经济的支持，那估计你三个月就可以走人了。

想走出去，要有钱，这是必要的。

想工作，要有目标，至少确定你要去的领域和城市。

此外，建议你，如果你要应聘网站编辑，现在就开始每周都去关注你知道的网站，看人家的专题。

新闻什么的没用，关键是专题。

之后你可以先模仿，后总结。

明白专题怎么做，人家怎么做的，你应该怎么做。

之后再做好别的准备，比如，万一网站不行，你可以干吗？

文字编辑可以吗？杂志编辑可以吗？如果可以，需要什么技能？

之后利用豆瓣的资源和人脉，花一个月的时间去请教。

好歹有一个概念。

不然你去申请文字编辑，连编辑需要做什么都不知道，不是死得很惨？

最后，少刷豆瓣，多关注招聘网站。

使用综合词搜索，查看你关注的几类招聘地方的职位要求，自己一一比对。

修改自己的简历，尝试去投。

人家通知面试你不去，和没有通知你，这是两回事！

通知代表你的简历合格。

一周左右没有通知，你要反省你的简历是不是有问题！

这期间一定要提前存钱，以备面试去的路费。

还有多和老妈示好，这样有希望得到支持。

出走是一个循序渐进的过程，最好的办法是，你找到工作，之后直接去上班。这样总比你拿着微薄的钱直接去某地方再找房子找工作的强。

尝试把问题化解到最小。

最后是心态。

不服气是好事。

但是要明白自己是真的不想成为家庭妇女，还是只是讨厌小地方。

研究生和专栏作家，就先别做梦了。

穷人没资格做梦。

穷人的梦想是如何活下去。

十年之后也许你依旧什么都不是。

而且更可怕的是，也许十年后，你没有男友，没有高薪，在大城市拿着四千元月薪，类似于家里的两千元。

这时候你还能对自己说，有一些我希望做到的事情，我还要继续努力！

这样你才有可能有机会出头。

要知道，90%的人都泯灭在那个城市里，剩下的10%里，只有1%的人遇到了机会，并且把握到了。

我们总爱说，成功很难，但是其实生活更难，一直背负梦想的爬坡更难。

我爬了十年，也想放弃过。

因为太累，何必要做一个和大家不一样的人呢？

所幸的是，我忍了下来。

我现在的位置，只是对比十年前的自己算成功，我知道还不够，或者还远远不够，但是我觉得已经欣慰了。

至于十年后的你会如何，我没办法预料。

人活着，不过求的就是自己看得起自己。

有时候我们忍住的那一口气其实就是在和内心里的自己去抗争而已。

人活着，就是活给自己看的。

我不想做一个连自己都看不起自己的人。

所以双脚磨破也要一直走下去。

所以孤单一个也要一直走下去。

记住你今天说过的话，留下这封信，五年后、十年后再看一眼，无论自己成功还是失败，都想想今年的你说的那句“我不想做一个油光满面的家庭妇女”，然后问问自己，现在的你是什么样？

或许最后你会成为一个油光满面的单身剩女，或者油光满面的孩子他妈。

也许每个人的结果最后都是油光满面，就犹如所有的大叔最后都一定会变老变丑一样。

唯一不同的是，我们选的是我们自己想要的过程。

哪怕最后大家的结果相同。

后记

写给未来的自己：
所有追逐和得到，最终的目的都是为了放下

你给自己定了一个美好的期许，你希望有朝一日当你拥有一定的财富和地位的时候，你要学着放手，你要给自己减负，你要抽出更多的时间给家人，给健康，给自己。这些不知道今天的你是否都做到了？

亲爱的小川，在早年那个大叔横行的年代，很多刚满三十岁的人都张口闭口地称叔，那时候你一定懊恼过干嘛要起小川叔这个名字。三十六岁的年纪在很多人看来是一个男人的黄金年纪，可只有你自己知道，未来的十年才是你最辛苦的十年，因为那十年你要开始积累物质财富。或许你会和很多中年人一样陷入对金钱和权利的极度迷恋中，所以给你写这封信也是提醒你，不论走多远也要偶尔停下来回头看看，想想自己当初为什么出发……

三十六岁的你曾经设想，五十岁之后淡定从容，可以做点自己喜欢的事情，不为功名所累。画画，赋闲，拥有一个业余爱好，能够合理地打发时间，生活缓慢而悠长，这才应该是活着本来的意义，那么现在的你做到了吗？

演员宋丹丹说，人到五十岁应该是一个哲学家，这种智慧是所有生活的经历给予你的。可我们看到的身边许多中老年人或许并没有这样，他们依旧很拼命地去争抢，只是因为害怕失去。我们在人生成长的过程里听过许许多多的大道理，包括心灵鸡汤类型的、醍醐灌顶类型的、禅宗回味类型的，但许多时候这些道理都只是在当下的两三秒有意义，转身或许就会忘记，只是因为那些道理都不能融进我们的骨子里。

活着本身就是一个神奇的道理，你能变成今天这样子，这不是一条两条道理可以造就的，而是你自己定期内省的结果。

三十六岁，你说你的梦想是年薪五十万。

同事觉得你太窝囊，作为一个男人来说你志气太小。

你自己却辩解说，那是因为有一天你赚太多钱了，或许工作会充斥着自己的生活，反而失去了幸福的意义。

你总爱说，一个良好的工作，其目的是为了让自己更好地生活。

这些自以为是的道理，或许就像你三十岁之前的梦想是年薪十万一样，当有一天它忽然被实现的时候，你才发现，原来不是梦想变小了，而是你变得更开阔了而已。

那么，五十岁的你，又如何看待现在的工作和生活？你是否还觉得现在的你依旧没办法平衡工作和生活的关系呢？

年薪五十万，你用了多久的时间做到？做到之后你真的内心满足而让自己停下来了吗？

我知道很多的问题，在你以后看到这封信的时候会觉得幼稚和可笑。

就好像当年的你在两年后拿到了年薪十万，你才发现这笔钱的数目实在是太小，小到不值得一提，过了不久你拿到了税后十万、年薪二十万、三十万。你开始强调通货膨胀，你开始说这些是你价值的体现，等等。

理想就是用来被实现的，目标本来就是要用来被超越的。

但是其实你很明白，人生不可能一直向上，你总会到达一个制高点，之后逐渐下落。

很多年前你非常敬佩一位企业家叫王石，你羡慕他可以六十多岁学英文，留学，永不止步，这是一种人生的态度，向上是为了自我超越。

可你有时候也在问自己，这样的人他们真的幸福吗？

你没有成为过那样的人，所以其实你并不清楚在那样一个位置，到底是成就感、财富，或者是责任感、内心的自我要求，哪一个更重要。

据说每一个到了五十岁的人生哲学家都会思考这样一个问题：人为什么活着。

年轻的时候我们或许是为了满足自己以及别人的期许，年龄大一些我们会陷入世俗的要求和婚姻生活里。当生活遭遇不幸、婚姻亮起红灯、健康出现预警、家人遗憾离世之后，我们或许会惊觉，原来自己半生在追求的东西，最后不过是顾此失彼、不堪一击而已。

活着，对每个人而言意义都不一样，目的都各有不同。

如今站在三十六岁的时间点上去遥望五十岁的岁月，一定会有很多的幼稚和不成熟，但健康和家人都是绝对无争议地占据着任何时间段的主要位置。而也正是这些主要位置的东西，却往往是我们最容易忽视的。

人生的后悔，很多时候不是来源于你不自知而没能补偿，而是因为你非常清楚，却一直迟迟没能行动。

有句成语叫作“顾此失彼”，其实我们都很清楚，健康和亲情很多时候都会被自动放在“失”的位置。为什么我们一直要“顾此”？因为我们都害怕失去。

你还记得你在职场里遭遇过的一次危机吗？

那是你又一次转行，并且确定了要留在这个行业之后，差不多满一年的时候。你需要独自负责一个特别大的公关活动，来的客户非富即贵，现场的流程和制作繁琐异常，很多高管也是第一次做高端活动，所以大家的紧张都会加诸在你的身上，他们会反复询问你，并且期望万无一失，你第一次有了不堪重负的感觉。

于是那个周末你群发了一条短信，说自己要去寺庙一天，信号不好，或许收不到短信，之后悄悄关闭了手机。你躲进寺庙待了两天。冬天的禅房寒冷异常，你和师兄在聊天的时候说出了自己的困惑和难过。

那是你第一次面对无力承担的压力。

师兄并没有给予你很多安慰和心灵鸡汤，他只是问你：刚来北京的时候你一个月开多少工资？那样的日子你都走过来了，现在的你即便再差，也不会比那时更差吧？那么你还在怕什么呢？

你那时候才明白，你怕失去。

你怕万一在这次活动里出现意外，你会因此丢了工作，你怕自已不可能再有这样的机会进入这种企业，拿到这样的薪水。

你怕失去这一切……

后来师兄问你，即便你不在这里，不拿那么高的薪水，你就活不下去了吗？

这句话让你想了很多，你想到了很多年前一直徘徊在月薪三千元左右的时候，你有大把的闲散时间，却不知道怎么去用它们。那时候你一直觉得也许日子过得清苦是因为收入不够，可后来收入足够之后，你又担心它会不会有一天终将失去。

为此你惶恐不安，你极力表现，很多时候你的努力除了在希望证明自己的同时，还有一部分理由是你害怕你懈怠就会失去这一切。

你穷怕了，你不想再退回到月薪三四千元的日子，你害怕失去，更害怕重新沦为一个失败者。

这份害怕和小心翼翼让你来京十年从不敢停下来，你总说你很累，却又总觉得无能为力，不由自主。你就好像站在开到最大挡的跑步机上，只能拼了命地奔跑才能适应这个速度，还要随时担心一不留神就会被甩飞出局。

于是你给自己定了一个美好的期许，你希望有朝一日当你拥有一定的财富和地位的时候，你要学着放手，你要给自己减负，你要抽出更多的时间给家人，给健康，给自己。这些不知道今天的你是否都做到了？

每个人都有一颗向上的心，而这个向上并不一定是升职加薪，或者积累更多的财富。这个向上应该是找到每个年龄阶段的意义，并且去为之努力。

少年时代或许我们总爱说，我一定会做到最好，但人生到了这个年纪，我更希望你是享受去做的过程，而不是在乎它的结果。

好与不好，不过是内心的标准而已。

都说人生需要先入世之后再出世，是因为人生若没有得到，何谈放下。

金钱、名利、欲望，这些一辈子都追逐不完，而且没有尽头。如果把一生都赔在这上面或许有些遗憾，因为你还不曾真正舒服地过几天好日子——没有电话、拜访、任务，每天画画、钓鱼、养花。

你是自律性很差的人，从年轻时候你就不会打理自己的休息时间，每次周末你总说时间过得好快，都没休息够。可你内心里知道，真要是一个星期休息五天，或许你会变得毫无章法、无所适从。

放纵和约束，或许是困扰你一辈子的课题。如何安排时间，让自己休闲得宜，这或许是现在的你在接下来十几年要努力寻找的平衡点。

学会放下，懂得舍得。

学会面对孤独，享受自我对话的成长。

永远不停止思考，反思自己，回望过去，肯定每一步你的决定。

做一个即便满头白发也依旧能够淡然从容的老者，享受人生接下来的悠然时光。

我相信你能做到。

BY　三十六岁的小川叔